国家自然科学基金面上项目(51774289)
国家自然科学基金青年科学基金项目(51404270) 联合资助
中央高校基本科研业务费专项资金项目(2011QZ06)

基于双巷掘进的超长推进距离
工作面沿空顺采技术研究

张玉波　胡宝岭　张宝优　孟凡刚　著

应 急 管 理 出 版 社

·北　京·

内　容　提　要

本书以察哈素煤矿 3 – 1 及 2 – 2$^\perp$ 煤层—次采全高综采工作面为例，针对超长推进距离双巷掘进的工作面布置方式造成的巷道变形严重、煤炭损失严重、自然发火严重等问题，创新性地提出了超长推进距离工作面双巷掘进的沿空顺采技术，并就其中关键参数进行深入分析。

本书可供煤矿工程技术人员、管理人员借鉴，也可作为相关专业科研人员、高等院校师生的参考书。

前　言

我国是世界第一大产煤国，目前已经成为世界上最大的能源生产国与消费国。我国经济正处在中高速增长时期，一次能源生产量和消费量均占世界总量的 10% 以上，其中煤炭生产量和消费量约占世界总量的 50%。而且煤炭在我国一次能源生产和消费结构中始终占 60% 左右，预测到 2050 年仍将占 50% 以上，因此我国一次能源仍将长期保持以煤为主的格局。自国家实施煤炭资源整合、兼并重组的政策以来，大型化矿井建设、实现煤炭安全高效开采已成为一种趋势。采区煤炭的回采率是影响我国煤矿高产高效的重要因素之一。现在许多矿井采用传统宽煤柱护巷方式，煤炭采出率低，这主要是由于护巷煤柱过大且无法再回收所造成的。同时有些矿井也存在区段煤柱的留设尺寸及采场周围巷道布置位置不合理的现象，这也在很大程度上直接影响到采区采出率以及巷道围岩控制难度。因此实现回采工作面无煤柱开采或最大限度减少两巷煤柱损失量，对提高采区采出率具有重要意义。

随着我国采煤工艺的持续发展，综采技术达到了新的水平。相比传统的炮采和普采工艺，该工艺具有产量高、效率高、含矸率低等优点，为了保障采掘工作的正常接续，提高区段煤柱的稳定性，实现矿井的高产高效，我国矿区综采工作面的区段平巷大多采用双巷掘进方式，留设较大区段煤柱，巷间区段煤柱先后经历掘进，一次回采及二次回采的扰动影响，矿压显现剧烈，且辅助运输巷需长期维护作为接续工作面的回风巷，维护成本高。

传统的煤柱留设经验表明，区段煤柱尺寸越大则回采巷道变形量越小，工作面越安全。然而随着采矿科学理论研究的不断深入和现场实践经验的不断丰富，虽然留设较宽的煤柱，在一定程度上减小了巷道变形量，但随着采深和采高的增加，回采巷道周边应力变大，应力集中程度较高，盲目的增大留设煤柱宽度不仅会造成巷道的多次维护，严重情况下还会引起煤与瓦斯突出和冲击地压等动力灾害。

　　为了节约资源，有效降低煤炭损失率，从20世纪50年代开始，国内外有关学者逐步开展了沿空掘巷技术的研究与应用。沿空掘巷技术目前已应用于包括薄、中厚及厚煤层在内的孤岛工作面、深部煤层群以及冲击倾向性煤层等常规与复杂条件的矿井，取得的成果包括巷道位置、承载、掘巷时间等。由于沿空掘巷需要跳采的影响，对于超长推进距离工作面的沿空掘巷技术的应用尚属空白，主要原因是超长推进距离工作面为了满足通风与辅助运输的要求，常采用双巷布置，因此从巷道掘进、维护工作与防止出现孤岛工作面的角度考虑，一般不采用沿空掘巷技术。

　　针对上述超长推进距离工作面双巷掘进条件下面临的问题及沿空掘巷技术应用存在的困难，研究如何布置巷道使煤柱留设既能保证煤柱的稳定性，降低巷道支护难度和维护成本，同时能有效降低煤炭损失，实现工作面的顺采，避免孤岛面的出现，对于提高矿井的经济效益，保证矿井生产高产高效具有重要意义。

　　作者基于察哈素煤矿超长推进距离工作面回采3-1煤层及2-2^{上}煤层的地质与回采技术条件，在理论分析矿压监测与数值模拟的基础上，对其采煤方法进行优化，提出并研究了高强度超长推进距离工作面双巷掘进的沿空顺采技术。现场生产过程中该矿辅助运输巷在一次采动条件下即发生较大变形，底鼓占其变形量的2/3~3/4，因此为了有效控制一次采动条件下辅助运输巷围岩的变形，以该矿31303工作面为样本，对其辅助运输巷底鼓治理展开研究。该矿上述两主采煤层，煤层自燃倾向性等级为I类，容易自燃，最短自然发火期仅39天，受采动影响，回风巷道煤体破碎自然发火严重，同时采空区也易自燃，为了有效防治巷道，采空区自然发火，作者对其自然发火防治技术进行研究分析。

　　本书各章编写人员具体如下，前言：张玉波、胡宝岭、张宝优；

第1章：张玉波、胡宝岭、张宝优、孟凡刚；第2、3、4章：张玉波、胡宝岭；第5章：张玉波、张宝优；第6章：胡宝岭、孟凡刚；第7、8章：武超、任亚军，第9章：张宝优、孟凡刚。全书由张玉波统稿并审定。

书中部分内容由作者学术团队共同协助完成，在此一并表示感谢。本书的出版得到了国电建投内蒙古能源有限公司领导和中国矿业大学（北京）老师的关心及指导，在此表示由衷的感谢。

由于笔者水平有限，书中错误之处，敬请读者批评指正。

作　者

2019 年 4 月

目　　　录

1　绪　　　论

1.1　研究背景

在我国的能源消费结构中，煤炭占比一直在 60% 左右，在国民经济中有举足轻重的地位。我国厚煤层储量占煤炭总储量的 45%，目前我国厚煤层开采方法有综采放顶煤开采和大采高综采，以及 1998 年中国矿业大学（北京）赵景礼教授发明的错层位巷道布置采全厚采煤法。放顶煤开采广泛应用于 5~15 m 厚煤层，大采高综采对于 4~6 m 的稳定厚煤层具有更好的技术经济优势。近十年来，以神东矿区为代表的现代化矿井依靠该地区得天独厚的厚煤层赋存条件和高水平的管理模式，采用国内外先进装备，对厚煤层采用一次采全高工艺，工作面年产达到千万吨级水平。大采高超长推进距离工作面的研究和推广应用，不仅有利于单产提高，而且能减少巷道掘进量和维护量。在近年快速推进高产高效工作面的开采实践中，现有的综采工艺为了保障采掘工作的正常接续，提高区段煤柱的稳定性，综采工作面的区段平巷大多采用双巷掘进方式，其留设的区段煤柱，这种做法大大降低了煤炭回采率，这已成为制约我国煤矿高产高效发展的重要因素之一。据统计，我国煤矿矿井整体回采率与国外矿井回采率相比，相差较大。传统煤柱留设虽对回采巷道的保护起到了关键作用，但同时也损失了大量的煤炭资源。例如采用综放开采时，工作面外的煤炭损失占采区总损失的 61%，仅区段煤柱的损失量就占到 36.7%，而且随区段煤柱宽度的增大而增加。

察哈素煤矿主采 3-1、2-2^{上} 煤层，为近水平煤层，开采工作面推进距离长（普遍超过 3000 m）。受推进距离的影响，为便于通风和辅助运输，该矿采用双巷布置与掘进，双巷之间煤柱尺寸保留 25 m 或 30 m。开采中，煤柱先后受两次采动、一次掘进影响，回风平巷难以维护，影响工作面的正常生产。该矿原计划将煤柱尺寸增至 40 m，但势必造成巨大煤炭资源的浪费。31303 工作面正在开采 3-1 号煤层，工作面长度 300 m，日进尺最快达到 20 m，平均在 10 m 以上，采高 5.7 m，连续推进距离超过 4000 m；与之留设 40 m 护巷煤柱的接续 31305 工作面推进距离将达到 5200 m，仅双巷间的煤柱损失就已超过 162 万 t，已经足够一个大型矿井一年的产量。因此，作者针对基于双巷布置的综采超长推进距离工作面展开研究，以达到解决实际工程背景中无法跳采、煤损严重与巷道维护困难等问题，并提出超长推进距离工作面双巷布置的沿空掘巷顺采技术。在此基础上，通过理论分析、现场实测、数值模拟相结合的方法对 3 – 1 煤层 31303 工作面、2 – 2$^\perp$ 煤层 31201 工作面进行相关研究，以期为同类地质与回采技术条件的矿井和本矿未采工作面提供参考。

1.2 国内外研究现状

1.2.1 双巷间煤柱留设尺寸现状研究

保留煤柱宽度与回采巷道支护、维护成本、安全生产及煤炭资源回采密切相关，煤柱宽度选择的正确与否，对保证巷道稳定至关重要。我国目前部分煤矿仍存在依靠经验来确定煤柱宽度，缺乏科学性和针对性，往往造成煤炭资源的浪费，以及巷道在掘进和回采过程中难以维护，甚至出现冒顶等事故。如何兼顾资源回收率和巷道稳定，合理确定煤柱宽度，一直是众多学者关注的焦点。

国内外的专家学者对于上述合理留设煤柱的方法进行了大量的研究，取得了大量的成果。归纳总结其成果，主要有下述三种方法：一是基于上覆岩层运移规律，结合相关岩体力学理论及弹塑性力学理论，构建力学模型，推导出能够维持稳定的合理区段煤柱的计算公式；二是采用数值模拟和相似模拟，对不同宽度煤柱内部应力分布规律、破坏变形规律、围岩变形量等方面进行综合分析，选取多个考虑因素以确定煤柱的合理留设宽度；三是采用现场实测的方法，对煤体受采动影响时应力分布情况及变形破坏规律进行具体情况具体分析，并确定煤柱合理尺寸。

1. 相关理论研究

钱鸣高等学者认为回采或巷道开挖后，煤柱边缘产生应力集中，煤柱边缘形成破碎区和塑性区，总称为极限平衡区。靠近采空区侧和巷道侧极限平衡区宽度分别为 X_1 和 X_2，而煤柱中部仍处于弹性状态，形成"弹性核"。采动后煤柱保持稳定的基本条件是："弹性核"宽度不应小于煤柱高度（采高 M）的两倍，故煤柱宽度 $B \geqslant X_1 + 2M + X_2$。

吴立新等学者以小变形煤柱弹塑性理论中的库仑准则为基础，推导出煤柱屈服区宽度的计算公式，并在此基础上结合"平台载荷法原理"对影响煤柱宽度的五大因素进行细致分析，给出了优化后煤柱宽度计算公式。

徐金海、缪协兴等学者对煤柱时间稳定性的相关因素进行了研究。利用最小势能原理，综合考虑顶板刚度及煤柱软化与流变特性对煤柱时间相关稳定性的影响进行研究，并建立分析模型，分析表明其与煤柱横截面积及蠕变延迟时间成正比，与煤柱高度和顶板强度成反比，并得到了煤柱保持稳定的条件及最小时间计算公式。

高玮等学者针对煤层倾角对煤柱稳定性影响，综合应用弹塑性力学、岩体力学强度准则以及极限平衡方法，对其进行了初步分析。认为煤柱发生弹塑性破坏后沿采空区侧向内依次可以分为松弛区、塑性区及弹性区，并依据其基本假设，推导出了考虑倾角影响的非弹性区宽度。

张国华等学者对中厚煤层区段煤柱合理留设宽度进行分析。首先依据顶板完整程度及强度、巷道位置、巷道与煤层尺寸关系等因素，将巷道围岩划分为 6 种类型。发现在不同围岩条件下，影响区段煤柱宽度的主要因素并不相同，并结合 Mohr – Coulomb 准则和 Kastner 方程，确定了区段煤柱合理留设宽度的理论计算公式。

刘贵等学者对三向应力状态下的煤柱极限强度计算公式进行分析，认为随着采深的增大，A. H. 威尔逊计算理论公式因简化所带来的问题，表现得越明显。因此得出煤柱塑性区宽度不仅与采深、采厚有关，而且也同采出率有关的结论。结合古城煤矿的实际情况，模拟分析了不同开采条件下煤柱塑性区宽度，并通过二元线性回归分析，得出了煤柱塑性区宽度与采深、采厚及采出率的计算公式，最后给出了在深部厚煤层条带开采情况下煤柱极限载荷的计算公式。

张明等学者采用理论分析和工程实践等方法，对巨厚岩层 – 煤柱系统的协调变形模型及其稳定性展开研究。认为在满足煤柱顶板岩层断裂线因素和支承强度因素的情况下，煤柱能够"隔离"采空区并对巨厚岩层及其覆岩结构形成"支撑"作用。通过建立巨厚岩层 – 煤柱协调变形力学模型，推导得到巨厚岩层 – 煤柱系统协调变形的应力—应变关系。

张后全等学者采用锚杆无损检测技术，对区段煤柱锚杆支护体的实时支护状态及其稳定性进行研究。通过对煤柱采动影响区域锚杆轴力实测，发现在工作面两端区段平巷里，随着测试锚杆距工作面的距离增大，锚杆轴力呈先增加至峰值后逐渐减小，直至趋于稳定的总体变化规律；锚杆轴力峰值位置正好对应着区段平巷围岩大量破坏与未破坏的交界区域。

国外学者对区段煤柱合理留设尺寸研究主要集中在基础理论方面。有效区域理论以罗兰（Rowland，1969）、理查德（Richards，1975）和斯格兰格·埃特等为代表，假定各煤柱支撑着它上部及与所邻近煤柱平分的采空区上部覆岩的重量，以此来分析煤柱的破坏以及确定相应的煤柱稳定宽度。K. A. 阿尔拉麦夫（1967）和 E. C. 科诺年科（1954）利用弹性力学中的三维立体模型分析方法，研究了在煤柱与顶板、底板的接触面上有整体内聚力条件下的任意三边尺寸比值的煤柱应力状态，并得到规则煤柱的顶面所受垂直应力的分布形态。A. H. 威尔逊理论是建立在煤柱三向强度特性的基础上，依据煤体的三向强度特性来分析确定煤柱的稳定性及相应的宽度。该理论克服了其他方法的缺陷，相比较而言更加有用和可靠，因此得到了较广泛的应用。

2. 数值模拟及物理模拟研究

国内外研究中数值模拟和物理模拟是两种常用的研究煤柱合理留设宽度的方法。

谢广祥等学者利用 FLAC3D 数值模拟，研究了不同煤柱宽度条件下，综放面回采巷道围岩破坏特征和引起的巷道围岩应力重新分布的规律，并得出以下相关结论：一是回采巷道围岩在不同宽度护巷煤柱维护下，在采动期间破坏差异很大。中小煤柱在采动期间塑性区发育明显，并已贯通，大煤柱在采动后仍在中部有弹性核存在，故承载能力较强。且巷道两帮破坏形式不同，煤柱帮以拉伸、剪切破坏为主，实体煤帮以剪切破坏为主。二是不同煤柱宽度同时也影响煤柱内和巷道侧实体煤内的应力分布，并提出两应力场的相互作用是影响巷道维护状态的主要原因，得到护巷煤柱宽度应小于巷帮实体煤内应力向煤柱内转移的临界宽度的结论。

Hsium 和 S. S. Peng 对煤柱稳定与顶板性质的关系展开研究，建立了三种不同顶板与煤的弹模比模型。认为煤柱的稳定性与该弹模比的关系成正比，随着该弹模比增大，在采空区一侧的煤柱塑性区范围会逐渐减小直至为零。

张宝安、黄明利等学者利用 RFPA 软件建立煤柱渐损伤模型，对沈煤红阳煤矿孤岛工作面的实际生产情况中不同护巷煤柱条件下巷道变形量与其内部应力分布进行深入分析。研究发现沿空掘巷中窄煤柱对回采巷道的围岩变形有很大影响。

奚家米等学者针对经验法、理论计算法、数值模拟法、现场实测 4 种确定煤柱宽度的方法，分析对比各自优劣处，从而提出了采用现场实测和数值模拟结合的方法来确定保留煤柱宽度。

索永录等学者采用理论分析和数值模拟相结合的方法，研究了煤层倾角分别为 0°、30°、45°、60°时，区段煤柱应力和破坏区的分布特征。发现应力分布逐渐由对称分布变为非对称分布，并且煤柱水平应力的影响范围逐渐减小；煤柱塑性破坏区面积先增大后减小，当煤层倾角为 30°时塑性破坏区分布面积达到最大。

赵则龙等学者对不同宽度煤柱下的巷道围岩垂直应力、变形及破坏规律，利用 FLAC3D 数值模拟软件进行了研究分析。认为：随着煤柱宽度的增大，煤柱应力集中范围、应力集中系数均越来越小，逐渐呈现均匀承载现象。同时巷道围岩位移量、煤柱塑性区、巷道围岩塑性区范围也逐渐减小；煤柱弹性区域范围越大，煤柱越稳定，回采巷道越安全。而考虑到煤柱过宽会造成资源的浪费，最终确定合理的区段煤柱尺寸在 14 ~ 16 m 之间。

王琦等学者针对厚煤层综放双巷布置工作面巷间煤柱的留设问题，以某矿双巷间煤柱为工程背景，采用理论分析、数值模拟的方法，对一次采动和二次采动后煤柱的应力演化、破坏、巷道围岩变形规律进行研究分析。得出一次采动后，高应力随煤柱宽度增大，由实体煤向煤柱内转移，并给出了最大临界尺寸和最小临界尺寸的定义。

谭凯等学者利用工程类比、理论分析和数值模拟的方法，针对因双巷布置留设煤柱不合理而导致的巷间围岩变形和破坏问题展开研究。通过对围岩结构分析，并对比布设不同煤柱时采场应力、位移和塑性区分布情况，认为顶板长悬臂结构增加了留巷载荷及煤柱宽度不足是煤柱变形破坏的主要原因，得出该矿合理的煤柱宽度为 35 m 的结论。

柴敬等学者基于光纤传感监测技术，从煤柱内部应力应变角度研究煤柱的合理尺寸及其稳定性。通过制作平面物理相似材料模型，在区段煤柱内分别埋设光纤，在模型底板铺设压力传感器，监测煤柱内部应力应变变化。结果表明，煤柱内部垂直应变随工作面推进而增大，水平应变随工作面推进呈"马鞍形"分布。

陈学华等学者采用煤柱载荷估算法、煤柱宽度塑性理论计算法，以酸刺沟煤矿区段煤柱宽度研究为工程背景，得出煤柱合理宽度范围应该为 20.8 ~ 29.5 m。再根据数值模拟对比分析不同宽度煤柱的塑性破坏范围变化、围岩应力变化，确定合理煤柱宽度为 25 ~ 30 m。综合上述分析确定煤柱宽度的合理数值为 25 ~ 30 m，为井下工程试验方案的制定提供了依据和参考。

刘增辉等学者运用相似模拟理论，以上榆泉矿 10 号煤层的地质条件为工程背景，制作了物理模型，对其综放煤巷煤柱逐渐缩小时，巷道围岩破坏特征及顶帮变形量进行了研究。结果表明煤柱尺寸为 16 m 时，煤巷围岩稳定性有明显变化；12.5 ~ 9 m 时，煤柱开始出现屈服；9 ~ 5.5 m 时煤柱发生明显破坏，2.0 m 时直接顶和基本顶同时垮落。根据以上结论确定 10 号煤层煤巷煤柱尺寸取为 16 m。

王国洪采用理论分析、数值模拟、现场实测等方法对王家岭矿合理煤柱尺寸展开研究。在理论分析的基础上，采用 FLAC3D 软件对不同尺寸的煤柱进行评估。模拟结果显示，煤柱宽度超过 20 m 后，巷道周围的应力集中、塑性区发育、变形等得以改善，有利于巷道维护。

3. 生产现场实践研究

张开智、韩承强等学者针对崔庄煤矿特殊地质条件下，同一工作面不同宽度护巷煤柱的情况，对巷道变形和煤柱破坏演化进行了实测研究。研究表明两帮变形量和顶底板变形量大小在不同宽度护巷煤柱条件下截然不同。大煤柱条件下顶板变形量大于两帮变形量，小煤柱条件下则相反，且大小煤柱变化主要影响两帮移近量；小煤柱护巷条件下，煤柱内部破坏在时间和空间上呈现不均匀的特性。

谢广祥等学者通过应用 KSE – II – 1 型钻孔应力计对谢桥矿 1151（3）综放工作面区段煤柱支承压力进行现场实测，并结合弹塑性极限平衡理论，建立力学模型。通过该模型研究分析了煤层厚度和倾角对综放面倾向煤柱支承压力分布的影响，得出了倾向煤柱支承压力峰值位置的计算公式，表明峰值位置距巷帮距离与采厚成非线性正比，且倾角越大，峰值位置差异越大。

程秀洋、李洪用等学者通过现场实测崔家寨煤矿联络巷附近布置的四个测区（工作面超前支承压力观测区、煤柱支承压力及联络巷变形观测区、未受采动影响煤壁松动圈观测区、采空区内受采动影响煤壁松动圈观测区），确定得到该矿的区段煤柱宽度比原先采用的煤柱宽度少 5 ~ 6 m。其研究结果不仅保证了安全生产，而且也取得了良好的经济效益。

魏峰远等学者通过分析上覆岩层岩性、煤柱自身强度、采深、采高以及煤层倾角等地质采矿条件对留设保护煤柱尺寸的影响，结合特定的地质及采矿条件，探讨了保护煤柱尺寸随开采深度、采高及煤层倾角等的变化规律，建立了煤柱尺寸的计算公式。

朱晨光等学者以金庄煤矿特厚煤层综放工作面为工程背景，结合理论分析、数值模拟和现场实测的方法确定工作面区段煤柱的合理宽度 23 ~ 24 m。

余学义等学者以亭南矿二盘区 204 大采高工作面为工程背景，对大采高双巷布置工作面巷间合理煤柱展开研究。研究分别对双巷掘进期间、一次、二次采动影响后煤柱应力分布进行现场监测，发现双巷掘进期间煤柱应力呈现"中间大、边缘小"的对称分布，而一次采动后煤柱应力分布曲线呈现不对称形态，二次采动影响后则呈现不对称"马鞍状"。

陈苏社等学者采用数值模拟、现场实测的方法，针对活鸡兔井极近距离煤层同采工作面回采巷道的合理布置问题进行了研究。研究结果表明当区段煤柱宽 20 m、层间距 2 m 时，受多次采动影响后煤柱下双巷布置适用的埋深应小于 100 m；当区段煤柱宽度 35 m 时，适用的埋深应小于 150 m。

孔令海等学者采用高精度微地震监测系统对塔山煤矿采高 15 m 以上特厚煤层综放工作面的岩层运动进行了监测,将监测结果与岩石力学计算和岩层运动分析相结合进行分析,得到了区段煤柱支承压力高峰区距离巷帮的距离,同时也将微地震监测与数值计算的结果进行对比,二者基本一致。证明了微地震监测结果的正确性和可靠性,确定区段煤柱的合理宽度为 20~25 m。

刘金海等学者对深井特厚煤层综放工作面区段煤柱合理宽度展开研究。首先采用微地震监测、应力动态监测和理论计算相结合的方法,确定了工作面侧向支承压力分布特征。其次采用工程类比、数值模拟等方法确定了工作面侧向煤体不完整区宽度。在此基础上考虑资源回收、冲击地压防治、次生灾害控制和巷道支护等因素,确定区段煤柱合理宽度为 5.0~7.2 m。

兰奕文以塔山矿特厚煤层综放工作面与回采巷道对头施工过程中面临的区段煤柱合理宽度留设为背景,采用理论分析、数值模拟及现场应力实测等手段对特厚煤层综放采场覆岩断裂结构、区段煤柱应力分布及区段煤柱合理宽度进行研究。结果表明相邻工作面回采期间应力沿煤柱宽度大致呈单峰型、非对称分布,结合煤柱应力分布,分析煤柱宽度可减小至 30~32 m。

赵雁海针对浅埋煤层群开采时应力区范围划分困难及巷道布置难题,以补连塔矿的实际开采情况为工程背景,利用理论计算、现场实测和数值模拟相结合的手段,对上部煤柱底部应力及下部巷道围岩变形情况进行了分析。结果表明浅埋深煤层群下行开采过程中,上部煤层支撑柱体的受力状态、应变及弹塑性区域的分布情况对下部煤层开采有重要影响,并通过对不同柱体宽度及错距的 6 种方案进行模拟分析比较,得到下部回采巷道柱体宽度,比原实际施工宽度大 44%。

1.2.2 沿空掘巷矿压规律研究现状

沿空掘巷的矿山压力显现规律研究已经取得了大量的成果,矿山压力是沿空巷道破坏的主要因素,因此开展矿山压力研究意义重大。沿空掘巷顶板岩层与回采工作面顶板岩层为同一岩层,其破断结构特征及运动规律与上下区段工作面回采时上覆岩层破断结构特征和活动规律相关,但又有自身的特点和规律。

侯朝炯等学者对综放上覆岩层破断,运动及煤柱对其运动影响的相互作用关系进行了研究,提出综放沿空掘巷围岩大、小结构。该研究认为沿空巷道的良好维护,一是要适应上覆岩层大结构的破断、回转、下沉的运动,其中基本顶破断形成的弧形三角关键块 B,对巷道的稳定性影响最大,并分析了其在掘进期间及回采期间对巷道稳定性影响;二是要保证小结构的稳定,其主要取决于窄煤柱的宽度及支护强度。

王卫军等学者认为沿空掘巷实体煤帮的高支承压力是对其稳定性影响的重要因素之一，应用损伤理论分析了实体煤帮的支承压力分布规律，发现煤层和直接顶的厚度及强度影响其支承压力分布，厚度较大、强度较高时，支承压力相对较高，易产生底鼓。

何廷峻等学者深入研究了基本顶在工作面端头破断形成的三角形悬顶对沿空巷道的影响，并对其结构进行分析，成功预测了三角形悬顶在沿空巷道中的破断位置和时间。

郑西贵等学者以掘采全过程中沿空掘巷窄煤柱应力分布状态及其稳定性为研究对象，运用数值模拟软件，发现掘巷、稳定期间及超前采动影响下，小煤柱和宽煤柱中应力分布规律不同。掘巷及稳定期间，小煤柱内应力呈单峰分布，且峰值位置在煤柱中偏向采空区侧，随煤柱宽度增加，应力升高。超前采动影响下，小煤柱中垂直和水平方向应力低于掘进期间，而宽煤柱则相反，实体煤帮中峰值应力进一步内移。

孟金锁等学者认为在沿采空区侧煤体中掘进巷道，煤体原有的极限应力平衡状态会遭到破坏，煤（岩）体应力在重新分布过程中，支承压力向煤体深部转移；当留小煤柱护巷时，小煤柱越宽，巷道就越接近支承压力峰值，而且支承应力移动范围随小煤柱尺寸的增加而增大。因而小煤柱愈宽，巷道变形愈严重。

谢广祥等学者通过对采用锚网索联合支护的沿空巷道进行现场观测，得出其矿压显现规律。该研究认为锚网索联合支护发挥了小锚索的悬吊作用，同时具有支护承载能力大、锚网支护成本低的特点，并应用人工神经网络智能决策系统，对沿空巷道支护参数进行了优化。

石平五等学者通过对宁夏汝箕沟煤矿的现场观测，对比分析了不同尺寸煤柱对巷道变形的影响。发现小煤柱（4~6 m）条件下，巷道顶板下沉量较小，而两帮变形较大；大煤柱（10~15 m）则相反，分析是上覆岩层"大结构"与不同煤柱尺寸"小结构"相互影响的结果。并提出了"窄煤柱""宽煤柱"两种力学模型及无煤柱护巷留"窄煤柱"是"只隔离、不承载"的概念，为沿空巷道受力分析及支护形式选择提供了依据。

崔楠等学者采用单元可释放弹性应变能计算公式及 TECPLOT 耦合分析程序，以王庄煤矿深部采区 8102 孤岛面特殊生产地质条件为工程背景，研究了孤岛面沿空掘巷煤柱中弹性应变能密度的分布特征。结果表明随着煤柱宽度增大，可释放弹性应变能密度增加，耗散应变能密度减小。

沈威等学者针对沿空掘巷应力动态变化问题，以张双楼煤矿沿空掘巷为例，采用钻屑法得出走向方向煤层应力动态变化特征，并发现采空侧煤体应力峰值受到岩性、地质构造和顶板呈现的"O－X"破断的影响而周期性出现，周期距离等于周期来压步距；受到采空侧围岩应力状态、巷道掘进引起的应力重新分布和覆岩运动的共同作用，沿空巷道实体煤中应力变化不一，或降低、或增高、或转移。

祁方坤等学者基于采空侧煤体倾向支承压力分布特征，以及护巷煤柱体的极限平衡理论，确定了护巷窄煤柱合理留设宽度的上、下限值解析表达式。

1.2.3　沿空掘巷煤柱留设研究现状

自20世纪70年代以来，沿空掘巷成为我国无煤柱护巷的主要形式。我国沿空掘巷历史可追溯到建国初期，主要经历了以下几个时期：20世纪50年代少数矿井尝试沿空掘巷技术；60年代初期进行沿空掘巷实验研究；70年代沿空掘巷技术得到长足发展，并就其矿压分布规律开始研究，取得一定成果；80年代提出了沿空巷道围岩变形特征，取得了突破性进展；90年代因为锚杆支护技术的推广，促进了沿空掘巷技术的应用，我国回采巷道用小煤柱护巷有了前所未有的发展，并在沿空掘巷的机理、矿压显现规律及"支架—围岩"关系、合理滞后时间，以及在支承压力作用下的沿空掘巷等方面进行了一些基础研究工作。但沿空掘巷技术中窄煤柱宽度一直没有统一的定论，煤柱宽度从3～10 m至10～15 m不等。

杨同敏等学者用立体相似模拟，得出煤体边缘支承压力的近似关系，认为支承压力峰值距煤体边缘3～5 m，峰值压力集中系数约为1.5，支承应力影响范围为25 m左右。

韩承强等学者现场实测和数值模拟研究发现，沿空掘巷小煤柱两侧边缘部分受采动影响较严重，且沿空侧比巷道侧边缘破坏更早更严重。但是若煤柱宽度合适，会在其中部存在一定范围的弹性区域，且顶板侧向断裂位置位于煤体内5～7 m之间，断裂位置附近煤体破坏严重。

常聚才等学者对综放沿空巷道小煤柱合理宽度确定的难题，提出了现场实测、计算机数值模拟以及理论计算相结合确定小煤柱合理宽度的方法。

翟所业、张开智根据支承压力在煤柱上的分布规律，考虑到煤岩类介质的屈服受体积应力的影响，运用广义米赛斯准则推导出了护巷煤柱中部弹性区的临界宽度公式。此式较全面地反映了煤体的物理力学性质、矿山压力及煤体厚度对临界宽度的影响。

柏建彪等学者对综放工作面采场应力分析，运用锚杆支护围岩强度强化理论，提出了综放工作面沿空掘巷围岩控制机理。

张农等学者认为采动条件下的沿空掘巷与常规条件下有很大不同，必须考虑侧向顶板破断、回转与下沉对小煤柱的破坏，并针对该类巷道的两种失稳形式，即顶板下位煤岩体的离层及窄煤柱全部塑性破坏，提出了高性能预拉力组合锚杆支护技术，控制了上述两种失稳形式。

翟所业、吴士良根据上覆岩层结构，建立了回采巷道基本顶岩梁的力学结构模型。利用数值分析法和流变学理论，导出了回采巷道基本顶岩梁的破断距及达到稳定状态时所需要的时间计算公式。该结果为确定沿空送巷的位置和时间提供了理论依据。

郭保华等学者运用摩尔－库仑准则建立了计算塑性区宽度的力学模型，得到厚煤层沿空侧煤体的塑性区宽度，并根据锚杆作用机理建立了锚杆支护条件下沿空掘巷合理窄煤柱宽度的理论公式。

华心祝等学者分析了孤岛工作面超前支承压力与相同支护条件下孤岛面沿空掘巷围岩变形量与普通工作面的差别。研究发现两者皆是常规条件下的数倍，并建立了沿空巷道上覆基本顶力学模型，推导出动压条件下顶板下沉量计算公式，提出了锚梁网及注浆的强支护方案。

陆士良等学者结合现场动压作用下巷道矿压显现规律及围岩变形规律，得出了动压作用下及采动稳定后围岩变形速度与护巷煤柱宽度的关系。并在此基础上得到巷道从开掘到报废期间围岩总变形量与煤柱宽度的关系，为护巷煤柱的选择提供了依据。

冯吉成等学者为解决深井大采高工作面留设大煤柱导致回收率低的难题，运用理论计算、数值分析及现场工程实测的方法，研究了深井大采高工作面开采条件下不同煤柱宽度时煤柱两侧塑性区分布和采掘扰动对巷道变形的影响，得到窄煤柱的合理尺寸。

彭林军等学者认为沿空掘巷开采技术成功的关键主要取决于采场覆岩稳定的时间和沿空掘巷的位置。通过理论分析、数值模拟和现场实测等方法，对特厚煤层下分层沿空掘巷小煤柱不同巷道布置设计展开研究，对比分析煤柱的应力、应变和位移，确定了特厚煤层下分层沿空掘巷合理的巷道位置和煤柱尺寸及上覆岩层防控技术。

张东升等学者为了实现绿色开采，创造性地提出以采空区矸石为骨料沿上区段工作面顺槽，即下区段工作面煤壁侧预筑人造帮，待上区段工作面回采稳定后，延人造帮掘巷置换窄煤柱的沿空掘巷新型技术。

张科学等学者采用数值模拟分析的方法，提出了从煤柱宽度、围岩应力场、位移场及侧向支承压力分布规律相结合的窄煤柱确定方法；结合工作面巷道布置

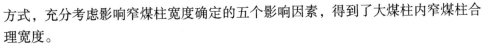

方式，充分考虑影响窄煤柱宽度确定的五个影响因素，得到了大煤柱内窄煤柱合理宽度。

虽然沿空掘巷技术在国外应用较少，但国外学者在围岩及煤柱应力分布和煤柱合理留设等方面进行了丰富的研究。自美国采用长壁开采以来，煤柱尺寸的合理留设问题一直备受关注，其研究结果表明煤柱强度、上覆岩层压力、运动结构和动态载荷决定煤柱尺寸的大小；苏联乌日洛夫通过观测距采空区侧不同距离开掘巷道的变形量，发现距采空区 10 m 左右是侧向支承压力的影响范围，产生较大变形和失稳的巷道出现在支承压力最大影响带（4~6 m）内，煤体边缘 10 m 处出现最大支承压力；南非尔岗煤田监测煤体残余支承压力，得出最大应力集中在煤体边缘 10 m 处；澳大利亚学者主要研究了煤柱宽度和开采宽度比例之间的关系。

1.3 本书的主要研究内容

本书主要是针对察哈素煤矿 3 – 1 与 2 – 2$^\pm$ 近水平煤层 31303 及 31201 工作面，因采用双巷掘进留设大煤柱从而造成的煤炭损失大、巷道维护困难等问题，提出了一种提高煤炭回采率、降低巷道维护难度的新方法，即超长推进距离工作面双巷掘进的沿空顺采技术，并对其进行研究分析。如图 1 – 1 所示，该技术的主要核心内容是在工作面双巷布置的大煤柱内，根据回采工作面在推进过程中，采空区侧大煤柱内的侧向应力分布确定沿空掘巷的合适位置，并在上一工作面回采结束后，对接续工作面进行沿空顺采，回收大部分丢失的煤柱，仅损失沿空掘巷留设的窄煤柱，从而有效提高煤炭的回采率。为了实现超长推进距离工作面双巷掘进的沿空顺采技术，本书主要从以下几方面展开研究：

（1）首先作者提出超长推进距离工作面双巷掘进的沿空顺采技术，介绍其工作面巷道布置方式、通风系统、运煤系统。其次，作者针对沿空顺采技术巷道布置应力分布特点，基于内外应力场理论与综放沿空掘巷围岩大、小结构的稳定性原理，提出沿空顺采技术原理，为实现工作面安全高效开采提供理论依据。

图 1 – 1 大煤柱内沿空掘巷位置示意图

（2）沿空顺采技术中几个关键参数理论分析研究。对煤柱尺寸、首采工作面和沿空掘巷掘进工作面之间合理的错距 L_1，及掘进工作面与接续工作面之间合理错距 L_2 进行理论分析。煤柱尺寸主要包括：对现有留设煤柱宽度合理性进行验证，研究最优煤柱留设尺寸，沿空顺采时大煤柱内沿空掘巷合理位置及窄煤柱合理留设尺寸。

（3）对 31201 及 31303 工作面双巷煤柱应力分布与巷道变形监测分析。基于实测其侧向支承压力和超前支承压力的分布规律及工作面推进距离与巷道围岩稳定性的关系，为合理优化巷道布置提供数据支持并沿空顺采技术中若干关键参数，最终为沿空顺采技术的实施提供指导。

（4）通过 FLAC3D 数值模拟分析，研究工作面顶板运动规律和应力分布规律，进一步验证双巷掘进下煤柱留设的合理性。通过模拟开采后采空区侧煤柱应力分布规律、巷道围岩变形、巷道水平位移分布与不同宽度窄煤柱的关系，验证沿空掘巷窄煤柱理论计算的合理性。

（5）以 31303 工作面为样本，对底鼓量进行观测研究，同时对平巷底板矿物成分及力学性质进行测试，分析其底鼓的基本特征及出现底鼓的主要原因。通过数值模拟分析对比不同支护形式下巷道围岩的变形量，提出合理的底鼓治理技术。

（6）对影响察哈素煤矿 3－1 煤层煤炭自燃的内因进行研究，比较各种因素的影响权重。通过数值模拟分析，确定 31303 工作面采空区三带分布界限，根据矿井条件和各种防火措施，对察哈素煤矿 31303 工作面的适用性展开分析和评价，提出矿井综合的防灭火技术。

2 察哈素煤矿地质条件及回采技术参数

2.1 矿井位置及概述

察哈素煤矿位于东胜煤田东部，西南以马泰壕井田为界，东至新街矿区边界与神东矿区相邻，东北以布尔台井田为界，南与尔林兔井田毗邻。察哈素煤矿井田走向长度 13.83 km 左右，从东边到西边倾斜宽度 12.02 km 左右，察哈素煤矿井田面积为 157.95 km²，井田面积较大，服务年限较长，并且察哈素煤矿有自备电厂，实现了煤电一体化。

察哈素煤矿矿井工业资源探明储量 2534.35 Mt，可采储量 1833.809 Mt，建井初期设计年生产能力 10.0 Mt/a，设计服务年限为 87.5 年。随着时间的推移，后期在生产过程中，矿井增加产量 5 Mt/a，达到每年的产能 15.0 Mt/a。煤矿采用一个副立井进行运输材料和人员，用一个立井进行回风，另外，矿井布置有一个主斜井用来输煤，主斜井直通电厂，为其供煤发电。

矿井分两个水平开采：第一个开采水平标高为 +931 m，第二个开采水平标高为 +820 m，且井底车场和各个材料厂均布置在第一个开采水平。

察哈素井田交通运输十分便捷，在井田内，公路和铁路都比较方便，公路随处可见：南北方向有包头至茂名的 210 国道，北部有东西方向的 109 国道，以及到伊金霍洛旗及其各乡镇之间的各条公路。

铁路方面，包西铁路从察哈素煤矿井田边界穿过，新街车站紧邻察哈素井田，且煤矿正在建设自己的运煤专线，并与新街的铁路相连接，直接外运。

察哈素井田内的煤质为民用煤，是可以用来发电的优质动力煤，煤含硫量有所不同。

2.1.1 地形地貌

察哈素煤矿位于鄂尔多斯高原东部，区内海拔最高的水平位置为 +1451.8 m，整体地形为东南地势低，西北地势高。最低海拔标高为 +1225.93 m。X_{1-4} 号钻孔为西北最高点，高程为 1393.8 m，最低钻孔点在阿滚沟上游沟头，高程为 1356.5 m。由于受风沙的影响，地面多被风积砂覆盖，形成典型的堆积型地貌。基岩只在区内中南部沟谷中出露，植被稀疏，地形较复杂。

2.1.2 河流水系

井田内水系不太发育，亦无湖泊，只在阿滚沟上游有一个小水库；主要沟谷中常见有基岩渗出水的溪流，在旱季干涸，在雨季略有增加。靠近井田的西南侧有丁当庙河、哈拉木河等季节性河流，流向自北、北西向南汇入红碱淖。其水量受大气降水影响，夏秋大，冬春小。

2.1.3 气候与地震

本地区气候特征属于半干旱的温带高原大陆性气候，太阳辐射强烈，日照丰富，干燥少雨，风大沙多，无霜期短，冬季漫长寒冷，夏季炎热而短暂，春季回暖升温快，秋季气温下降显著。据东胜区气象局历年资料，当地最高气温为 +36.6 ℃，最低气温为 −27.9 ℃，年平均降水量为 396.0 mm，且多集中于 7、8、9 月三个月内，年平均蒸发量为 2534.2 mm，年蒸发量为年降水量的 5~10 倍。区内风多雨少，最大风速为 14 m/s，一般风速 2.2~5.2 m/s，且以西北风为主。冻结期一般从 10 月开始至次年 5 月结束，最大冻土深度为 1.71 m，最长沙尘暴时间为 40 d/a。

本区位于鄂尔多斯台向斜东北缘，鄂尔多斯台向斜被认为是中国现存最完整、最稳定的构造单元。据"中国地震烈度区划图"划分，本区地震烈度小于Ⅵ度，地震动峰值加速度为 0.05 g，属弱震区。据调查，本区历史上从未发生过较大的破坏性地震。

2.2 工作面地质条件

2.2.1 煤层情况

井田内构造属简单类型，整体为一向南西倾斜的单斜构造，倾向 230°~260°，倾角一般为 1°~3°，地层产状沿走向及倾向均有一定变化，但变化不大。沿走向发育有宽缓的波状起伏，区内未发现褶皱构造，亦无岩浆岩侵入。矿区主要可采稳定煤层位于侏罗系中下统延安组上部的 2−2上（平均厚度 3.0 m）、3−1（平均厚度 6.14 m）煤层。

矿井初期移交 2 个采区，分别为 31 采区和 21 采区。31 采区主采 3−1 煤层，

2－2上煤层。2－2上煤层走向165°，倾向255°，倾角为1°~3°。3－1煤层走向165°，倾向255°，倾角为1°~3°，煤层结构较复杂，由南东向北西，其厚度逐渐变薄，总体变化较小，走势较平稳但局部有起伏出现，且在煤层底部含有岩性为砂质泥岩和泥岩的软弱矸石夹层0~2层，厚约0.15~0.25 m不等。

3－1煤层其煤岩组分中主要为暗煤，含少量亮煤，夹杂少许丝炭和黄铁矿结核。煤岩组呈沥青光泽，构造以条带状和块状为主，断口呈参差状。漏矸及采空区涌水冲入工作面的淤泥是影响工作面回采期间煤质灰分的主要因素。采空区涌水及采动导水裂隙带沟通工作面上覆松散层底部、基岩上部的含水层，导致含水层沿顶板裂隙流入工作面的水体是影响煤质水分的主要因素。

2.2.2　煤层顶底板情况

31201工作面共布置3个钻孔，分别为X_{3-5}、K_{9-3}、X_{2-3}，其中X_{3-5}钻孔位于开切眼附近，对工作面初采范围覆岩岩性具有代表性。对钻孔数据综合整理，将钻孔获得的各岩层的厚度、岩层名等信息整理为表2－1。

表2－1　X_{3-5}钻孔综合柱状图整理

岩层名称	岩层厚度/m	岩层埋深/m	岩　　　　性
泥岩	29	295	灰褐色，W状，含褐斑核
细粒砂岩	9	304	褐色，以石英云母为主，含纯多云母碎屑、泥岩
砂质泥岩	5	309	灰色，W状，从上往下含沙量增多，平坦状断口
细粒砂岩	14	323	灰色，以石英为主，含少量云母碎屑及岩屑，水平节理发育
泥岩	21	343	灰色，W状，含植物碎片化石，条形状断口
煤	0.4	344	黑色，以暗煤为主，亮煤次之，含少量炭，条形状、参差状断口，青光
砂质泥岩	5	348	灰色，W状，致密，含植物碎片化石，条形状断口
煤	2.7	351	黑色，以暗煤为主，亮煤次之，含少量炭及黄斑薄膜，条形状、参差状断口，青光
泥岩	1	352	灰色，W状，致密，含植物碎片化石，条状断口
煤	0.4	352	黑色，以暗煤为主，亮煤次之，含少量炭及黄斑薄膜，条形状、参差状断口，青光
泥岩	1	353	灰色，W状，致密，含植物碎片化石，条状断口
砂质泥岩	9	362	灰色，W状，含植物碎片化石，平坦状断口

表2-1（续）

岩层名称	岩层厚度/m	岩层埋深/m	岩　　性
粗粒砂岩	7	369	灰色，以石英为主，含少量云母碎屑及岩屑，与下伏煤成冲刷接触
中粒砂岩	17	385	灰色，以石英为主，含少量云母碎屑、岩屑及炭屑

根据31303工作面地质资料，煤层顶底板情况详见表2-2。

表2-2　31303工作面煤层顶底板情况表

	顶、底板	岩石名称	厚度/m	岩　性　特　征
煤层顶底板情况	基本顶	中粒砂岩、砂质泥岩	$\dfrac{14.05-31.7}{18.7}$	灰色，以石英、长石为主，分选较好，半圆状，含少量云母碎屑，泥质胶结，炭质线理发育
	直接顶	泥岩、砂质泥岩	$\dfrac{1.11-5.5}{3.2}$	灰色，块状，致密，平坦-贝壳状断口，含植物叶化石碎屑，含黄铁矿薄膜
	直接底	泥岩、炭质泥岩	$\dfrac{0.85-1.25}{1.03}$	灰色，块状，平坦状断口，含较多植物化石碎屑
	基本底	砂质泥岩、泥岩	$\dfrac{3.3-10.55}{7.86}$	灰色，块状，平坦-贝壳状断口

由表2-2可知，强度中等的砂质泥岩和中粒砂岩是31303工作面直接顶和基本顶的主要构成成分，直接顶平均厚度3.2 m，基本顶平均厚度18.7 m。强度较低的炭质泥岩、泥岩是31303工作面底板岩层的主要组成部分，由于其遇水易膨胀软化，因此在工作面推进过程中，常常需留设厚度超过0.5 m的底煤护底，以防止超前单体支柱钻底的现象。

2.2.3　煤的自燃情况及瓦斯含量

煤层结构较简单，赋存稳定，煤种属不黏煤（BN31）和少量长焰煤（CY41）。各可采煤层有害成分低，属低灰分、特低硫分、特低磷、高热值煤，是良好的民用和动力用煤。

31201及31303工作面煤层的吸氧量分别为0.73 cm³/g、0.99 cm³/g干煤，煤层自燃倾向性等级为Ⅰ类，容易自燃。最短自燃发火期为39天，要制定防灭火措施，采后应及时密闭采空区，防止向采空区漏风；加强注浆、注氮，以防采空区火灾。

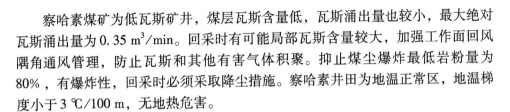

察哈素煤矿为低瓦斯矿井，煤层瓦斯含量低，瓦斯涌出量也较小，最大绝对瓦斯涌出量为 0.35 m³/min。回采时有可能局部瓦斯含量较大，加强工作面回风隅角通风管理，防止瓦斯和其他有害气体积聚。抑止煤尘爆炸最低岩粉量为 80%，有爆炸性，回采时必须采取降尘措施。察哈素井田为地温正常区，地温梯度小于 3 ℃/100 m，无地热危害。

2.3 工作面回采技术条件及应用现状

2.3.1 31201 工作面回采巷道布置

31201 工作面位于 2 - 2^{上} 煤层南翼，平均埋深 370 m，与 31 采区边界相邻，全工作面长 240 m，工作面煤层厚度 1.66~3.3 m，平均煤厚 2.7 m，采用综合机械化采煤工艺，设计平均采高为 2.7 m。矿井一水平东翼辅助运输大巷、一水平东翼带式输送机运输大巷和一水平东翼回风大巷采用平行布置方式，并服务于 31 采区。2 - 2^{上} 煤层属于近水平开采，基本沿 2 - 2^{上} 煤倾斜方向布置。31 采区内布置一个采区煤仓，煤仓上口为一水平东翼强力带式运输机机头，煤仓下口转载巷内安装一部转载输送带，并搭接主斜井强力带式输送机机尾。

一水平东翼辅助运输大巷和一水平东翼运输大巷属于进风大巷，一水平东翼回风大巷和一水平 2 煤回风大巷属于回风大巷，进、回风大巷经 31201 工作面连通。31201 工作面回采的煤炭由工作面的带式输送机，经溜煤眼再转载至一水平东翼强力带式输送机上，经采区中转煤仓到转载带式输送机，再经主斜井强力带式输送机运至地面。采区巷道布置如图 2 - 1 所示。

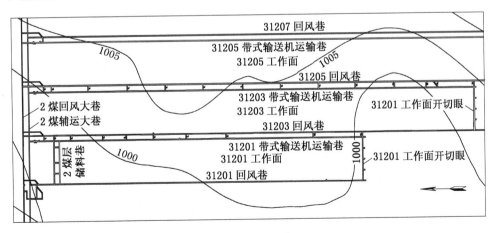

图 2 - 1 采区巷道布置图

31201 工作面设计巷道包括 31201 带式输送机运输巷道、31201 辅助运输巷道、31201 回风巷道、31201 工作面开切眼、31201 回风绕道、31201 巷道联络巷及硐室。巷道与辅巷之间煤柱 25 m。工作面巷道均选用矩形断面，采用锚网索支护方式，断面参数详见表 2－3。

表 2－3　31201 工作面各断面参数对照表

巷 道 名 称	宽度/m	高度/m	长度/m
胶带运输巷道	5.4	3	2219
辅助运输巷道	5	2.8	2210
回风巷道	5	2.8	2222
联络巷	5	3	25

2.3.2　31303 工作面回采巷道布置

31303 大采高综采工作面位于察哈素煤矿开采的第一水平的 31 采区，北东为 31301 工作面，北西为主斜井井底，南东为井田南边界。察哈素煤矿 31 采区 31303 工作面现主采 3－1 煤层，该煤层平均埋深 440 m，煤层厚度 5.45～7.15 m，平均煤厚 6.14 m，采高 5.7 米，倾角为 1°～3°。工作面长度 300 m 左右，推进长度达 4000 m，回采巷道采用双巷布置，留设 30 m 的区段煤柱。

31303 工作面开采的为近水平厚煤层，结合矿井开拓布置，31303 工作面采用倾斜长壁后退式大采高一次采全高综合机械化采煤方法。工作面采用美国 JOY 公司 7LS7－LWS790 型大功率电牵引采煤机，配套使用 JOY－AFC 刮板输送机、BLS 转载机和破碎机。支架选用郑州煤矿机械厂 ZY12000/28/63D 液压支架，端头支架为 ZT12000/28/55D，过渡支架为 ZG12000/28/63D。31303 工作面巷道包括 31303 工作面带式输送机运输巷道、31303 工作面辅助运输巷道、31303 工作面回风巷道、31303 工作面开切眼和辅助开切眼、31303 工作面主回撤通道及辅回撤通道、31301 工作面联络巷及硐室。

切眼与辅巷之间煤柱为 25 m，主回撤通道与辅回撤通道之间煤柱 25 m，回采巷道联络巷间隔 50 m。工作面巷道均采用矩形断面，断面参数详见表 2－4。31303 工作面巷道布置如图 2－2 所示。工作面自开切眼后推进 1458 m 阶段为两侧实体煤，1458 m 后回风巷即与第 1 个工作面 31301 工作面采空区相邻。区段煤柱宽度 30 m。

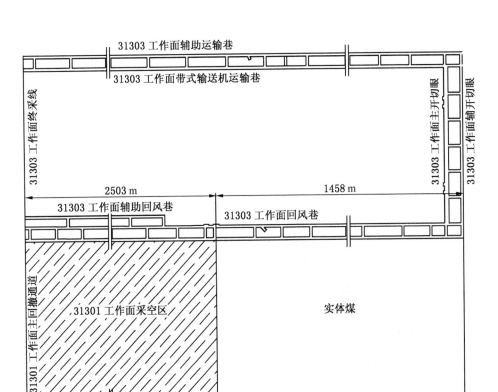

图 2-2　31303 工作面巷道布置布置图

表 2-4　31303 工作面各巷道断面参数对照表

巷道名称	掘进宽度/ m	净宽/ m	净高/ m	掘进断面/ m²	净断面/ m²	铺底厚度/ (m，C₃₀)
31303 工作面胶带运输巷道	5.8	5.6	4	23.2	20.16	0.2
31303 工作面辅助运输巷道	5.4	5.2	4	20.8	18.5	0.3
31303 工作面回风巷道	5.2	5.0	3.9	20.8	19.5	0
31303 工作面开切眼	9.4	9.2	3.9	40.42	35.88	0.3
31303 工作面开切眼辅	5.2	5.0	3.7	20.8	18.5	0.2
31303 工作面主回撤通道	5.6	5.4	4.2	25.76	22.68	0.3
联络巷	5.2	5.0	3.7	20.8	18.5	0.2

2.3.3 回采过程中面临的问题

以 3130 工作面为例，其生产过程中，受采动影响主要面临以下问题。

（1）受一次采动影响，辅助运输巷即发生大变形。

31303 回风巷在 31301 工作面"见方"附近工作面推过后累计变形量很大，主要是底鼓变形，最大值 2.264 m，变形速度快，最大速率 39 mm/d；两帮在 31301 工作面推过"见方"位置变形量大，累计变形量最大值为 0.834 m；变形速度快，最大速率为 20.3 mm/d。现场顶板及两帮变形情况如图 2－3 所示。

(a) 25 联络巷金属网脱离顶板

(b) 26 联络巷顶煤掉落、金属网断裂

(c) 22 联络巷口副帮金属网破坏

(d) 23 联络巷口副帮鼓兜

图 2－3　31303 回风巷受一次采动影响后巷变情况

31303 工作面与 31301 采空区搭界后，受二次采动影响，31303 回风巷道矿压显现更加剧烈，超前压力峰值区域增至 30~50 m 范围，超前影响范围增至 70 m 左右，煤壁前方 50 m 范围内底鼓严重，正帮片帮严重，副帮肩窝挤压形成坠兜。局部顶板中部破碎、下沉。联络巷在距工作面 30 m 时，底鼓开始加剧，最严重地段底鼓高度 1.5 m 左右，如图 2-4 所示。

图 2-4 联络巷通道底鼓

（2）工作面长，双巷间留设煤柱尺寸大，煤炭损失严重。

察哈素煤矿 31 采区 3 号近水平煤层开采工作面推进距离长（普遍超过 3000 m），开采厚度大（6.14 m），工作面长度长（300 m）。受推进距离长的影响，该矿采用双巷布置与掘进，双巷之间煤柱尺寸原保留 30 m。开采中，煤柱先后受两次采动、一次掘进影响，回风平巷难以保持稳定，为了改善回风巷道维护状况，该矿原计划将煤柱尺寸增至 40 m，由于工作面推进距离长，仅双巷之间煤柱损失已 1 Mt 以上，巨大煤炭资源的浪费。

（3）煤体破碎自然发火严重。

31303 辅助回风巷道煤帮片帮后两帮成"〇"形状，在靠近 31303 回风巷道侧片帮最深深度达 4~4.5 m，且煤帮破碎严重。从煤帮破碎、片帮情况可看出发火点位置正处于采空区侧向压力峰值区域，且巷道片帮大大减少了煤柱宽度；从 31303 辅助回风巷道内片帮及煤柱破碎情况可推断，煤柱于 31303 回风巷道内的一帮破碎情况同样严重。因此，整体煤炭被压碎的情况将延伸至煤柱深部，破碎煤块大大增加了与空气的接触面积，增大煤体的吸氧量，加速煤体的吸氧进程。破碎煤块在煤壁深处不断吸附氧气并散发吸附热，因煤壁深处对流及传导散热缓慢，导致煤块及碎屑散发的吸附热不断积聚，并加速破碎煤块的吸氧速度，当热量积聚至临界值时，煤块及碎屑与氧气的反应由物理吸附转换为化学氧化，反应速度急速增加。

（4）双巷掘进的前提下，现有技术已无法实现沿空掘巷；单翼采区布置的前提下，沿空掘巷需要跳采，最终会形成孤岛工作面，易引发动力灾害。

虽然沿空掘巷技术目前已应用于包括薄、中厚及厚煤层在内的孤岛工作面、深部煤层群以及冲击倾向性煤层等常规与复杂条件的矿井，但目前对于超长推进距离工作面的沿空掘巷技术的应用尚属空白，主要原因为超长推进距离需要双巷布置满足通风与辅助运输的要求，因此从巷道掘进、维护工作与防止出现孤岛工作面的角度考虑，一般不采用沿空掘巷技术。

2.4　本章小结

根据对察哈素煤矿进行实地的资料收集和现场考察，进一步对现有的地质资料进行核查和完善，对工作面地质情况和回采技术参数进行总结：

（1）主要从三个方面介绍了矿井的位置及概况，分别是矿井的地形地貌、矿井周边的河流水系情况及矿井所在区域位置的气候及地震等。

（2）介绍了待采 $2-2^{\pm}$ 及 $3-1$ 煤层顶底板基本概况；$2-2^{\pm}$ 及 $3-1$ 煤层自燃倾向性等级为 I 类，容易自燃，最短自燃发火期为 39 天，需制定防灭火措施；察哈素煤矿为低瓦斯矿井煤层瓦斯含量低，瓦斯涌出量也较小，最大绝对瓦斯涌出量为 0.35 m^3/min。

（3）给出了回采 $2-2^{\pm}$ 煤层 31201 工作面、$3-1$ 煤层 31303 工作面的基本布置情况，及工作面巷道断面情况。

（4）对现有回采技术参数条件下，回采过程中出现的问题进行总结。受超长推进距离影响，双巷间需留设大尺寸煤柱，资源浪费极其严重；受高强度带来的支承应力影响，工作面辅助运输巷在一次采动影响时维护已极其困难，难以再承受二次采动影响；在双巷掘进的前提下，现有技术已无法实现沿空掘巷，单翼采区布置的前提下，沿空掘巷需要跳采，最终会形成孤岛工作面，易引发动力灾害。

3 超长推进距离工作面双巷布置的沿空顺采技术

为综合解决超长推进距离工作面双巷布置回采率低、二次采动巷道维护困难与沿空掘巷需要跳采等几个问题，提出了"超长推进距离工作面双巷布置的沿空顺采技术"，并系统地介绍了其巷道布置方式、通风系统、运输系统。基于沿空顺采技术巷道布置应力分布特点，阐明其巷道布置原理。

3.1 沿空顺采技术介绍

3.1.1 沿空顺采方案设计

对于超长推进距离工作面（一般超过3000 m），为满足通风与辅助运输的需要，常采用图3-1所示的双巷掘进方式，巷道间通过联络巷相连，联络巷的间距为80~100 m，两巷的距离可按照传统留煤柱护巷保留较大煤柱考虑，考虑到先后经历两次采动影响，一般情况需要留设30 m甚至更大。这种布置方式，具有巷道掘进速度快，通风简单，适应性强，有利于矿井高产高效等优点，因而被国内外广泛使用。但双巷掘进存在的问题主要集中在煤柱尺寸上：尺寸大，利于

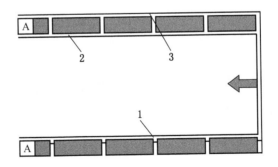

1—回风平巷；2—运输平巷；3—辅助运输平巷；A—留设大煤柱

图3-1 超长推进距离双巷掘进示意图

巷道 3 的掘进与维护，但采出率低；反之，尺寸小，采出率高，但不利于巷道 3 的掘进与维护，甚至导致巷道 3 无法使用。

对超长推进距离工作面采用留窄煤柱护巷，则存在两个问题：第一，工作面之间不能采用顺采，需要在采区（盘区）之间跳采，或者在煤层之间跳采。但是为避免出现孤岛工作面，要求采区布置双翼，而双翼布置导致无法实现集中生产、搬家倒面占用时间多等问题，同时煤层之间跳采可能会造成压煤，层间距近的情况甚至会造成部分煤体无法回收。第二，单巷掘进无法满足长距离巷道的通风与辅助运输需求。但是留窄煤柱护巷可以减少煤柱尺寸，且利于巷道的掘进与维护。为此，结合双巷布置与留窄煤柱护巷，提出超长推进距离双巷布置的沿空顺采技术。

如图 3-2 所示，相邻工作面采用顺序布置，在首采面进行双巷掘进时，首采工作面双巷之间采用大煤柱护巷，使辅助运输巷避开侧向支承应力的剧烈影响，便于巷道 3 掘进和维护。在首采工作面回采期间，即掘进接续工作面两条回采巷道 5 与 6，到接续面开切眼位置向采空区方向掘进，过巷道 3 到达沿空掘巷 4 的位置。由于工作面推进距离长，待首采面推进到合适位置，后方采空区上覆岩层垮落也基本趋于稳定，为沿空掘巷创造了条件，此时在护巷大煤柱 A 内，沿着工作面推进方向留窄煤柱分段掘进沿空巷道 4。

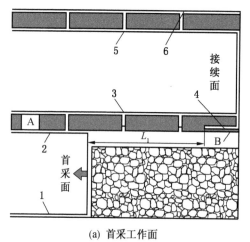

(a) 首采工作面

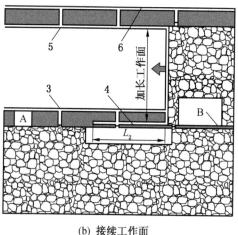

(b) 接续工作面

1—首采工作面回风平巷；2—首采工作面运输平巷；3—首采工作面辅助运输平巷；4—接续工作面沿空掘巷；
5—接续工作面运输平巷；6—接续工作面辅助运输平巷；A—留设大煤柱；B—沿空掘巷窄煤柱；
L_1—沿空掘巷滞后工作面距离；L_2—掘进工作面超前回采工作面距离

图 3-2　超长推进距离双巷掘进的沿空顺采技术示意图

待接续面回采时,可以实现掘、采同时作业,首采面辅助运输巷做接续工作面回风巷,将大部分煤柱和工作面作为整体回采,仅损失沿空掘巷留设的窄煤柱。

超长推进距离工作面双巷布置下沿空顺采的设计,其整体优点可以概括为:

(1) 原设计留设的大煤柱 A 大部分回采,仅丢失沿空掘巷留设的窄煤柱,大大提高了回采率。

(2) 初期留设的大煤柱 A 可保护巷道3,避开侧向支承应力的剧烈影响,降低其支护难度。

(3) 沿空巷道4处于煤柱低应力区,比较容易掘进和维护,既提高了采出率,又杜绝了破裂区煤体蓄热的可能性,有利于防止自燃发火。

(4) 实现了沿空掘巷技术下工作面顺序开采,避免了孤岛工作面的产生。

3.1.2 沿空巷道通风系统

当首采工作面开采过程中,依然采用两进一回的通风方式,如图3-3所示,新鲜风流从巷道2和3进风→首采工作面→巷道1回风。当首采工作面采空区稳定后,即可在双巷布置下留设的大煤柱 A 内进行沿空掘巷,此时首采工作面和掘进工作面同时进行,通风回路如图3-3a、图3-3b所示。

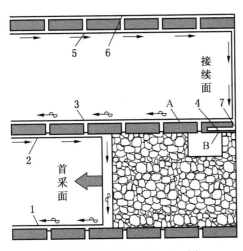
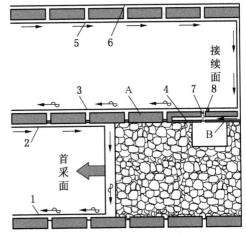

(a) 掘进面未达联络巷时的通风回路　　　　(b) 掘进面抵达联络巷时的通风回路

1—首采面回风平巷;2—首采面运输平巷;3—首采面辅助运输平巷;4—沿空掘巷;5—接续面运输平巷;
6—接续面辅助运输平巷;7—联络巷;8—密闭;A—留设大煤柱;B—沿空掘巷窄煤柱

图3-3　首采面与掘进面同时推进时的回风通路

采空区稳定后，首采面和掘进面同时推进，此时，首采面的通风仍然是：巷道 2 和 3 进风→首采工作面→巷道 1 回风。未达到联络巷时掘进面的通风如图 3 - 3a 所示：巷道 5 进风→接续工作面与巷道 7 交界处安设局部通风机经风筒压入式进风→掘进工作面→巷道 3→回风斜巷→回风大巷回风。当掘进面到达第一个联络巷时，通风回路如图 3 - 3b 所示，此时在联络巷 7 处安设局部通风机经风筒压入式进风，并且在 8 处打密闭，此时掘进面通风路线：巷道 5 进风→在联络巷处安设局部通风机经风筒压入式进风→掘进工作面→联络巷 7→巷道 3→回风斜巷→回风大巷回风。当沿空巷道过 2 个联络巷，即可在上一联络巷打临时密闭，通过下一联络巷通风，以此类推。

当首采工作面回采结束，掘进面和接续面同时推进时的通风路路线如图 3 - 4 所示：当接续面开采时，为了实现两巷进风，此时接续面进回风路线为：新鲜风流从巷道 3 和 4 进风→接续工作面→沿空巷道→联络巷→巷道 1 回风。此时沿空巷道已掘出一部分，沿空巷道掘进面的通风路线可改为：新鲜风流直接从大巷压入式经风筒进风（图中 3 - 4 所示的标记 7）→掘进面→沿空巷道 2→联络巷 5→巷道 1 回风。

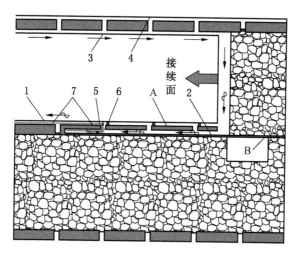

1—首采面辅助运输平巷；2—沿空掘巷；3—接续面运输平巷；4—接续面辅助运输平巷；
5—联络巷；6—密闭；7—局部通风机和风筒；A—留设大煤柱；B—沿空掘巷窄煤柱

图 3 - 4　掘进面与接续面推进时的通风回路

3.1.3　沿空巷道运煤系统

通过掘锚机、梭车、一号车、带式输送机运煤。

梭车是地下水平巷道中运送煤、岩的特种车辆，其车箱底部装有供装载和卸载用的运输机。工作时将煤或石碴从车厢的装碴端装入，连续转动的刮板或链板运输机就能自动地将它转载到卸碴端。待整个梭车装满，开动梭车至带式输送机机尾，开动运输机，即可将煤岩自动卸到一号车，再通过一号车转载至带式输送机上，最后经接续工作面或辅助运输巷运出（图3-5）。按输送机类型梭车分为板式、刮板式和带式，其中以刮板式应用最广泛。

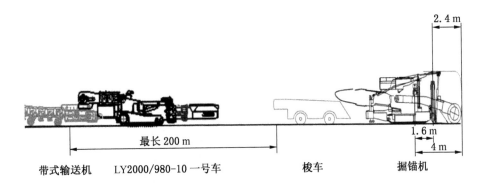

图3-5　掘锚机—梭车一号车巷道掘进作业线设备空间位置图

3.2　沿空顺采技术巷道布置原理

工作面侧向煤体上方的压力分布是随着上覆岩层结构运动的发展而动态变化的过程。依据薄板理论，随着工作面自开切眼向前推进，当工作面上覆顶板岩层弯矩达到强度极限时，顶板将发生破断，顶板约束条件由四边固支逐渐向两边简支转变。采空区两侧弯矩随之增长，采空区侧支承压力由实体煤边界逐渐向实体煤内递减。当采空区侧煤体顶板弯矩达到或超过其强度极限时，顶板将在采空区侧实体煤内发生断裂。采空区侧实体煤内应力发生重新分布，此时，由于采空区侧实体煤边缘一定范围内支承压力超过其极限抗压强度发生破坏，承载能力降低，支承压力峰值逐渐向煤体深部转移，从而达到新的应力平衡状态。侧向顶板断裂后在上覆岩层自重和采动支承压力作用下，逐渐向采空区侧回转、下沉、触矸形成新的结构形态达到稳定。从而导致侧向顶板断裂线两侧形成两应力分布不对称的区域：断裂线外侧与侧向实体煤边缘之间，形成只受断裂岩梁自重及其运动发展的低应力区；断裂线内侧则是由实体煤上覆整体岩层决定的高应力区。如图3-6所示。煤体边缘和断裂线之间低应力区的出现，为沿空掘巷创造了有利的条件。

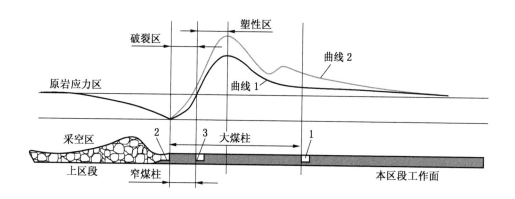

1—首采面辅助运输巷道；2—首采面运输巷道；3—沿空巷道

图 3-6 大煤柱内沿空掘巷应力分布示意图

在图 3-6 中，曲线 1 表示的是上区段工作面回采后侧向煤体上方顶板支承应力分布的曲线。滞后采空区一定距离留设窄煤柱沿空掘巷，将巷道布置在侧向支承应力的低应力区。而上区段工作面的外侧巷道即辅助运输巷，由于采用大煤柱护巷，避免了采动支承应力的剧烈影响，从掘进到经历上区段回采扰动的过程中始终处于一个应力较低的环境中，有效降低了上区段工作面的采动影响，有利于回采巷道的维护。曲线 2 表示双巷掘进应力与采动应力的叠加曲线，可知沿空巷道和辅助运输巷，依旧处于一个较低的应力状态。而且当下区段工作面回采时沿空巷道处于宽煤柱的边缘，便于沿空巷道的维护。因此接续工作面的外侧巷道从开始掘进到废弃始终处于一个应力较低的环境状态，而且沿空巷道和辅助运输巷之间煤柱可随接续工作面一同采出，提高了资源的回收率。

3.3 本章小结

本章首先对目前超长推进距离工作面采用双巷布置的优缺点进行总结，虽然其具有巷道掘进速度快，通风简单，适应性强等优点，但在超长推进距离工作面中存在留设煤柱尺寸过大，严重影响工作面回采率，并且有辅助运输巷维护难度大等困难。进一步对沿空掘巷技术在超长推进距离工作面的适用性进行分析，发现沿空掘巷虽可显著提高回采率，但存在以下问题：①需在采区间或煤层间跳采，易导致孤岛工作面的出现，不利于矿井集中生产，实现高产高效；②单巷掘进无法满足长距离巷道的通风与辅助运输需求。基于以上分析得出单纯采用沿空掘巷技术，并不能解决超长推进距离工作面面临的问题的结论。

　　基于上述结论，作者创造性地将现有超长推进距离工作面双巷布置与沿空掘巷技术相结合，提出超长推进距离工作面沿空顺采技术，并对其巷道布置、通风系统、沿空掘巷运煤系统进行阐述，解决了现有超长推进距离工作面双巷掘进面临的相关难题，显著提高了工作面回采率。

　　根据沿空巷道围岩结构特征和采空区侧向支承压力分布规律，得到了沿空顺采技术巷道布置原理，表明在掘进和采动叠加支承应力作用下，双巷掘进中辅助运输巷避开了上区段工作面采动支承应力的剧烈影响，便于支护和减小后期维护量，大煤柱中沿空巷道也位于上区段工作面采空区侧向煤体支承应力的低压区，有利于巷道维护。

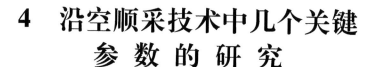

4　沿空顺采技术中几个关键参数的研究

　　为了实现超长推进距离工作面双巷掘进的沿空顺采技术，需要解决的关键问题在于沿空巷道与首采工作面之间需要留设的窄煤柱尺寸；沿空巷道掘进工作面滞后于上一开采工作面之间的距离 L_1；沿空巷道掘进时为了避免与本工作面采动影响叠加，需要超前本工作面的距离 L_2。

4.1　双巷掘进的沿空顺采合理错距

　　超长推进距离工作面双巷掘进的沿空顺采巷道布置如第3章中图3-2所示。双巷掘进期间留设大煤柱，在首采面回采时，使辅助运输巷道避免侧向支承应力的剧烈影响，利于其掘进与维护，同时避免了煤体严重破损，预防了破裂煤体蓄热的可能性。并且利于自然发火的防治，后期接续面回采时，则随接续工作面一同回采，仅仅丢失了沿空掘巷留设的窄煤柱，解决了护巷煤柱宽度和提高回采率两因素长期冲突的难题，实现了二者的结合。由于工作面推进距离较长，在首采面回采未结束时，其后方采空区覆岩已趋于稳定，不必跳采，可直接在采空区侧大煤柱内沿空掘巷，实现了工作面之间的顺序开采，避免了后期出现孤岛工作面。但在开采相邻工作面、实现顺采的同时，首采工作面和掘进工作面之间必须保持合理的错距 L_1 及掘进工作面与接续工作面之间合理错距 L_2，如图4-1所示。两者不同的错距大小将导致不同的矿山压力显现和围岩动力现象的出现。

　　（1）首采工作面与掘进工作面合理的错距 L_1。

　　如图4-2所示，工作面回采后，采场周围岩体内原岩应力场平衡被打破，围岩应力重新分布。采空区上方岩层的重量将向采空区周围新的支撑点转移，由周围的煤岩体起到支撑作用，从而在采空区周围的煤体形成了支承压力带。工作面前方形成超前支承压力，它随着工作面推进而向前移动，称为移动性支承压力。工作面倾斜和仰斜方向及开切眼一侧的煤体上形成的支承压力，在工作面推过一段距离后，采空区上覆岩层活动逐渐趋于稳定。采空区内某些地带冒落矸石被逐渐压实，使上部未冒落岩层在不同程度上重新得到支撑，支承不在发生明显变化，受前方工作面回采影响较小，此时在采空区侧沿空掘巷避免了前方工作面回采形成的采动应力场对掘进工作面造成的影响。

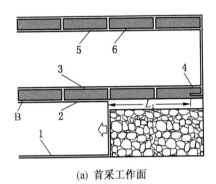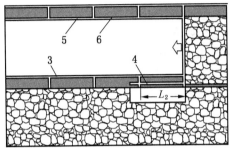

(a) 首采工作面　　　　　　　　　　　　(b) 接续工作面

1—首采工作面回风巷；2—首采工作面运输巷；3—首采工作面辅助运输巷；4—接续工作面沿空掘巷；

5—接续工作面运输巷；6—接续工作面辅助运输巷；B—双巷掘进煤柱尺寸；

L_1—沿空掘巷滞后工作面距离；L_2—掘进工作面超前回采工作面距离

图 4-1　超长推进距离工作面双巷布置的沿空掘巷顺采技术示意图

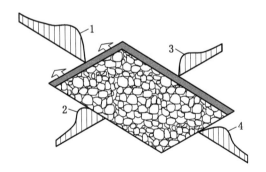

1—工作面超前支承压力；2、3—采空区侧向支承压力；4—工作面滞后支承压力

图 4-2　采空区应力重新分布示意图

根据采空区周围应力场分布规律，国内外学者认为，在首采工作面采空区侧沿空掘巷时，沿空巷道需在开采区工作面冒落稳定后再掘进，即稳压区理论。在此条件下，保证了沿空巷道处于矿山压力已恢复至稳定的区域，前方工作面开采引起的动压将不会影响到沿空巷道的掘进与维护。

由稳压区理论可知回采工作面推进过程中，采场顶板上覆岩层达到其极限跨距时，发生初次破断，工作面出现初次来压。后期随着采场顶板周期性的破断、稳定、破断，工作面出现周期来压。采场顶板岩层周期破断垮落后充填采空区，在其自重和外加载荷作用下逐渐压实。从工作面煤体前方到采空区应力分布如图 4 - 3 所示，依次为原岩应力区 a、超前支承应力区 b、减压区 c、后方支承应力区 d、采动稳定区 e。为了避免工作面开采动压的影响，将掘进工作面布置在采动稳定区，有利于巷道掘进和维护。

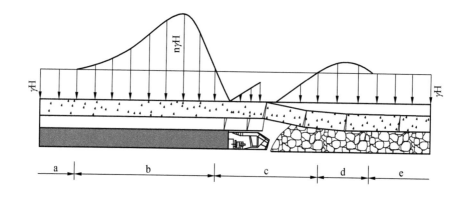

图 4 - 3　采场前后方应力分布示意图

根据矿压理论的研究可以确定，留窄煤柱护巷需要等待工作面顶板基本顶触矸稳定。工作面回采过程中，采场两侧实体煤由弹性压缩进入塑性破坏状态，工作面基本顶破断后的力学模型可简化为一端支承在侧向煤体的铰接支座，另一端支撑在采空区碎胀矸石上的弹簧支座。

岩梁对采空区压实的变形量 $h(t)$ 是时间函数，弹簧刚度为采空区碎胀矸石抗压刚度。上区段基本顶岩梁作为黏弹性梁，材料用 Maxwell 模型，其本构方程为

$$\frac{\partial \xi}{\partial t} = \left(\frac{1}{E_1} + \frac{\partial \sigma}{\partial t} + \frac{\sigma}{\eta_1} \right) \tag{4-1}$$

基本顶弯曲下沉量与对应的线应变表示为

$$\varepsilon = y \frac{\partial^2 W(x,t)}{\partial x^2} \tag{4-2}$$

基本顶岩梁达到稳定状态所需时间 T 的计算公式为

$$T = \frac{2\eta_1}{E_1} \ln \frac{q_z L_m}{q_Z L_m - 2k[M - (k_c - 1)h_z]} \tag{4-3}$$

式中　E_1——基本顶岩梁弹性模量，GPa；

　　　η_1——黏性模量，GPa；

　　　q_z——岩梁上部载荷，MPa；

　　　L_m——岩梁破断距，m；

　　　k——碎胀岩石抗压强度，kN/m^2；

　　　M——采厚，m；

　　　k_c——冒落矸石的残余碎胀系数；

　　　h_z——直接顶的厚度，m。

由式（4-3）看出，沿空掘巷的最佳时间 T 与基本顶岩梁的性质、所受载荷、破断距、采厚以及直接顶厚度等因素有关。根据 31201 工作面实际生产技术条件，选取基本顶岩梁的弹性模量 $E_1 = 56$ GPa，基本顶岩梁的黏性模量 $\eta_1 = 4$ GPa，岩梁上部的载荷 $q_z = 10$ MPa，基本顶岩梁的破断距 $L_m = 14$ m，碎胀岩石的抗压强度 $k = 50$ kN/m^2，煤层采高 $M = 2.7$ m，岩石的残余碎胀系数 $k_c = 1.43$，直接顶的厚度 $h_z = 5$ m，日推进速度 $v = 9.6$ m/d。

计算得到采空区保持稳定多需要的时间为 89.6 d，因此得到掘进巷道与首采工作面之间的错距 L_1 为 860.2 m。

根据 31303 工作面实际生产技术条件，选取基本顶岩梁的弹性模量 $E_1 = 56$ GPa，基本顶岩梁的黏性模量 $\eta_1 = 4$ GPa，岩梁上部的载荷 $q_z = 11$ MPa，基本顶岩梁的破断距 $L_m = 15.7$ m，碎胀岩石的抗压强度 $k = 50$ kN/m^2，煤层采高 $M = 5.7$ m，岩石的残余碎胀系数 $k_c = 1.43$，直接顶的厚度 $h_z = 4$ m，日推进速度 $v = 10$ m/d。

计算得到采空区保持稳定多需要的时间为 115.2 d，因此得到掘进巷道与首采工作面之间的错距 L_1 为 1152 m。

（2）掘进工作面与接续工作面之间的错距 L_2。

由稳压区理论可知，当接续工作面进行回采时，掘进工作面应当超前接续工作面，在回采引起的采动影响范围之外，即应将巷道掘进面布置在采场前方的原岩应力区 a，则可知两者之间的错距 L_2 为接续面回采引起的超前支承应力范围（图 4-4）。

工作面由于采动影响，前方形成超前支承压力，其影响范围 x 包括极限平衡区的范围为 x_0 和弹性区的范围为 $x - x_0$，计算公式均可求得。

极限平衡区内应力分布计算公式为

$$\delta_y = \frac{N_0}{\lambda} e^{\frac{2fx_0\lambda}{m}} \tag{4-4}$$

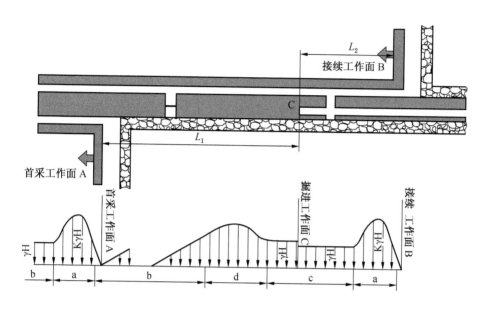

A—首采工作面；B—接续工作面；C—沿空巷道掘进面；a—应力增高区；
b—应力降低区；c—应力不变区；d—可能存在的应力增高区

图 4-4　双巷掘进沿空顺采巷道布置图

式中　N_0——顶板煤体自撑力，kN/m^2，$N_0 = \tau_0 \cot\varphi$；

$\quad$ λ——侧压系数，$\lambda = \dfrac{1 - \sin\varphi}{1 + \sin\varphi}$；

$\quad$ m——煤层厚度，m；

$\quad$ f——层面间的摩擦系数；

$\quad$ φ——顶板煤的内摩擦角。

令 $\delta_y = K\gamma H$，则极限平衡区的距离为

$$x_0 = \frac{m}{2f\lambda} \ln \frac{K\lambda H}{N_0} \lambda \qquad (4-5)$$

式中　K——集中应力系数；

$\quad$ λ——顶板岩层的容重，kN/m^3；

$\quad$ H——采深，m。

弹性区内支承压力计算公式为

$$\delta_y = K\gamma H e^{\frac{2f}{m\beta}(x - x_0)} \qquad (4-6)$$

式中　β——侧压系数。

弹性区的范围为峰值点向前，弹性区末端处 $\delta_y = \gamma H$，代入式（3-13）得：

$$x - x_0 = \frac{m\beta}{2f}\ln K \tag{4-7}$$

所以超前支承压力影响范围为

$$x = \frac{m}{2f\lambda}\ln \frac{K\gamma H}{N_0}\lambda + \frac{m\beta}{2f}\ln K \tag{4-8}$$

由上可以看出，工作面支承压力由煤壁边缘的塑性区低于 γH，随着距离煤壁的距离 x 增大、超前支承压力正指数增长，进入极限平衡区达到 $K\gamma H$，其中 K 取 2.5（因为弹性区与极限平衡区的应力集中程度不同）；达到 $K\gamma H$ 后，随着 x 的增大而呈负指数下降到 γH 或以下，此阶段为弹性区。

$2-2^{\pm}$ 煤层 31301 工作面的厚度 $m = 2.7$ m，侧压系数 $\lambda = 1$，顶板煤体自撑力 $N_0 = 3$ kN/m^2，应力集中系数 $K = 2.5$，自重应力 $\gamma = 25$ kN/m^3，煤层埋深 $H = 350$ m，$\beta = 0.4$，摩擦因素 $f = 0.25$，代入式（4-8）得 x 的值为 59 m，即超前支承应力的影响范围为 59 m，因此可以确认沿空巷道掘进面与接续工作面之间的错距 L_2 为 59 m。

$3-1$ 煤层 31303 工作面煤层的厚度 $m = 5.7$ m，侧压系数 $\lambda = 1$，顶板煤体自撑力 $N_0 = 6$ kN/m^2，应力集中系数 $K = 2.5$，自重应力 $\gamma = 25$ kN/m^3，煤层埋深 $H = 440$ m，$\beta = 0.4$，摩擦因素 $f = 0.25$ 代入式（4-8）得 x 的值为 150 m，即超前支承应力的影响范围为 150 m，因此可以确认沿空巷道掘进面与接续工作面之间的错距 L_2 为 150 m。

4.2　一侧采空实体煤侧支承应力分布规律

根据"砌体梁理论"，采空区上覆岩层随工作面的回采推进而发生垮落，基本顶发生初次断裂，形成"O-X"型破断。基本顶周期破断后的岩块会形成砌体梁结构，在工作面端头形成弧形三角关键块 B。在工作面采空区的两侧，弧形三角块的回转下沉会造成侧向支承应力的升高。根据"砌体梁理论"及矿压理论，则回采巷道上覆岩层围岩结构及应力分布如图 4-5 所示。

如图 4-6 中曲线 1 所示，当工作面回采结束后，采空区周围岩体应力发生重新分布，其侧向煤体中支承应力随着距煤体边缘距离的增大按负指数关系而逐渐减小。采空区边缘侧煤体一定宽度由于其支承压力超过煤体极限强度，而发生破坏，支撑能力下降，支承应力向煤体内部转移。如图 4-6 中曲线 2 所示，随着时间的推移，当采场岩体重新达到平衡状态后，由于支承压力作用，从煤体的

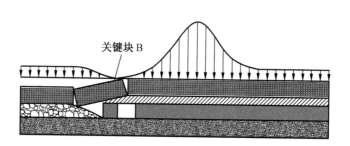

图 4-5　回采巷道上围岩结构及应力分布图

边缘到深部，依次出现破裂区、塑性区、弹性区、原始应力区。并且一侧采空实体煤侧支承压力先随着与采空区边缘距离的增加逐渐增加至峰值后，又随着其与采空区距离的增加而逐渐减小，直到减小至原岩应力大小。

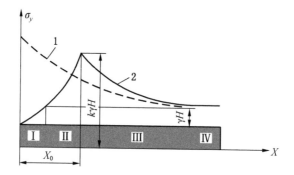

Ⅰ—破裂区；Ⅱ—塑性区；Ⅲ—弹性区；Ⅳ—原岩应力区；1—弹性应力分布；2—弹塑性应力分布

图 4-6　实体煤一侧支承应力分布与分区

在距煤体边缘存在着煤柱的承载能力与支承压力处于极限平衡状态，对此建立极限平衡条件力学模型进行分析，如图 4-7 所示。

因此整体平衡方程为

$$-M\sigma_x + M\frac{\partial \sigma_x}{\partial x}dx - (-M\sigma_x) - 2\sigma_y f + 2C dx = 0 \qquad (4-9)$$

式中　σ_y——垂直应力，属于相互作用力；

　　　f——层面间摩擦因素；

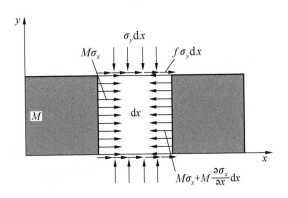

图 4-7 实体煤极限平衡条件力学模型示意图

C——内聚力；

σ_x——水平应力；

M——煤层厚度。

整理得：

$$M\frac{\partial \sigma_x}{\partial x} + 2\sigma_y f + 2C = 0 \qquad (4-10)$$

根据极限平衡条件：

$$\frac{\sigma_y + C\cot\varphi}{\sigma_x + C\cot\varphi} = \frac{1 + \sin\varphi}{1 - \sin\varphi} = \frac{1}{\varepsilon} \qquad (4-11)$$

推导得：

$$\sigma_y = \frac{1}{\varepsilon}(\sigma_x + C\cot\varphi) - C\cot\varphi \qquad (4-12)$$

对此式进行微分，得到：

$$\frac{\sigma_y}{\partial x} = \frac{1}{\varepsilon}\frac{\sigma_x}{\partial x} \qquad (4-13)$$

将微分结果代入式（4-10）整理得：

$$M\varepsilon\frac{\partial \sigma_y}{\partial x} + 2\sigma_y f + 2C = 0 \qquad (4-14)$$

对此式进行积分，在煤帮处令 $x = 0$，$\sigma_x = 0$，再次整理得到：

$$\sigma_y = \left[\frac{1}{f} + \left(\frac{1}{\varepsilon} - 1\right)\cot\varphi\right]Ce^{\frac{-2f}{M\varepsilon}x} - \frac{C}{f} \qquad (4-15)$$

式（4-15）中给出了煤柱上方破裂区与塑性区支承应力的分布特征。本次假设是煤体内处于极限应力平衡状态，因此其仅适用于回采面采空区侧峰值点与采空区边界之间的煤柱范围内。

如图4-8所示，根据实验室内实验得到的结果，岩体受到外界应力后会一般经历压密、弹性、塑性和破坏四个过程：

（1）压密阶段。应力应变曲线呈凹状缓坡。变形量的大小主要取决于岩体中结构面的数量、方位、性质及岩体结构类型等，而岩体结构体未起主要作用。

（2）弹性阶段。岩体经过压密后，可认为是连续介质。岩体中结构体开始承载和变形，压密后的岩体在载荷作用下表现出弹性状态。

（3）塑性阶段。在岩体不断施加压力的情况下，该阶段的岩层主要是是发生剪切滑移，并开始出现微破裂。

（4）破坏阶段。如岩体承受载荷继续增长，当达到极限强度时进入破坏阶段，曲线基本呈缓慢下降趋势，岩体体积会相比之前膨胀。

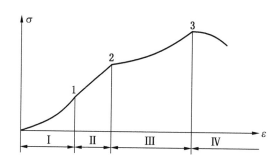

1—转化点；2—屈服点；3—极限强度

图4-8　岩体应力应变曲线

由于式（4-15）给出的是在极限强度条件推导出来的支承应力分布情况，进一步结合岩体在载荷作用下的应力应变曲线分析，其应用范围局限于第三和第四阶段。如上述分析，破裂区范围可近似认为属于剪切破坏状态，进入塑性破坏阶段时认为 $\sigma_y = \tau$，τ 为岩石的抗剪强度，代入式（4-10）得：

$$\left[\frac{1}{f} + \left(\frac{1}{\varepsilon} - 1\right)\cot\varphi\right]Ce^{\frac{-2f}{M\varepsilon}x} - \frac{C}{f} = \tau \tag{4-16}$$

解得破裂区分布范围：

$$x_1 = \frac{M\varepsilon}{2f}\ln\frac{C\left[1 + f\left(\frac{1}{\varepsilon} - 1\right)\cot\varphi\right]}{f\tau + C} \tag{4-17}$$

分析岩体处于塑性状态，发现该阶段的特点从两向弹性应力状态向三向过渡，因此首先需要满足三向抗压强度，即当支承应力达到岩体的三向抗压承载能力后进入塑性阶段，即 $\sigma_y = R$，R 为岩体的三向抗压强度，代入式（4-10）得：

$$\left[\frac{1}{f} + \left(\frac{1}{\varepsilon} - 1\right)\cot\varphi\right]Ce^{\frac{-2f}{M\varepsilon}x} - \frac{C}{f} = R \qquad (4-18)$$

解得极限平衡区的宽度，即支承压力峰值与煤体边缘之间的距离 x_0 为

$$x_0 = \frac{M\varepsilon}{2f}\ln\frac{C\left[1 + f\left(\frac{1}{\varepsilon} - 1\right)\cot\varphi\right]}{fR + C} \qquad (4-19)$$

4.3　窄煤柱合理尺寸留设

沿空掘巷是在上区段采空区覆岩顶板垮落稳定后，沿上区段采空区边缘在实体煤侧低应力区留设窄煤柱掘进本区段工作面回采巷道，此方式是我国无煤柱护巷的主要技术。回采巷道的稳定和围岩控制技术是沿空掘巷的关键，巷道的稳定性受围岩强度、应力分布、支护强度与上覆顶板破断、运动的影响，在具体地质条件确定后，应力状况是决定巷道维护条件和稳定性的关键因素，因此只有充分了解沿空掘巷围岩应力分布状况，才能保证巷道围岩的稳定性。

随着工作面的回采，采空区上覆岩层发生周期性的破断、回转、下沉、触矸、稳定，期间形成的动压载荷主要由工作面前方煤体、采空区矸石和两侧煤柱承担。由于煤柱的承载能力较小，致使其边缘煤体发生破坏，进入塑性屈服状态，而工作面前方煤体和采空区矸石承载能力较强，是上覆岩层主要承载体。因此上覆岩层的破断、回转和运动形成的"大结构"对煤柱的稳定性起着决定性的作用。随着上覆岩层运动的逐渐稳定，应力重新分布达到平衡状态，两侧煤柱变形逐渐趋于稳定。一侧采空实体煤侧侧向支承压力可分为破碎区、塑性区和弹性区，如图4-9所示，沿空巷道宜沿着破碎区布置在塑性区，此处应力较低，岩体相对比较完整，围岩变形易于控制。

由4.2节中公式推导得到极限平衡区的范围为 x_0：

$$x_0 = \frac{M\varepsilon}{2f}\ln\frac{C\left[1 + f\left(\frac{1}{\varepsilon} - 1\right)\cot\varphi\right]}{fR + C}$$

破碎区的范围 x_1：

$$x_1 = \frac{M\varepsilon}{2f}\ln\frac{C\left[1 + f\left(\frac{1}{\varepsilon} - 1\right)\cot\varphi\right]}{f\tau + C}$$

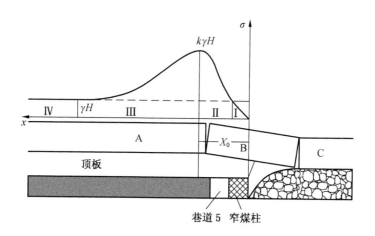

图 4-9   沿空掘巷在采空区侧实体煤内的位置

其中：31201 工作面煤层的厚度 $M=2.7$ m，层面间的摩擦因数 $f=0.15$，内聚力 $C=2.42$ MPa，岩石的三向抗压强度 $R=30$ MPa，$\tau=2.12$ MPa，岩石的内摩擦角 $\varphi=35°$。

由具体数值得到 $x_0=12.24$ m，$x_1=2.28$ m。沿空巷道须沿着破碎区布置在低应力区，因此沿空掘巷布置在 $2.28\sim12.24$ m 之间，预留设沿空掘巷宽度 5 m。为了避免巷道布置在应力峰值区，留设的煤柱最大宽度应小于 7.24 m。

3-1 煤层 31303 工作面的厚度取 $M=5.7$ m，层面间的摩擦因数取 $f=0.20$，内聚力 $C=2.42$ MPa，岩石的三向抗压强度 $R=30$ MPa，$\tau=2.12$ MPa，岩石的内摩擦角 $\varphi=30°$。代入上述公式，得到 $x_0=9.8$ m，$x_1=25.8$。因此沿空巷道宜布置在靠近破碎区的塑性区附近，布置在距采空区侧 $9.8\sim23.8$ m 之间，同 31201 工作面也预留沿空掘巷巷道宽度 5 m，留设的煤柱最大宽度应小于 20 m。

对于窄煤柱尺寸而言，当沿空掘巷留设的窄煤柱过小时，巷道不易维护，容易出现巷道整体失稳破坏。倘若所留小煤柱宽度较大，就容易使巷道靠近支承压力高峰区，同样会使巷道维护变得困难。小煤柱护巷稳定性不仅与上覆岩层的运动状况有关，还与巷道围岩支护所引起的围岩塑性区半径有关。根据这两种情况得出合理的煤柱宽度 B 为

$$B=k(x_1+x_2) \tag{4-20}$$

式中 B——沿空掘巷窄煤柱的合理宽度，m；

　　　　x_1——回采工作面形成的破裂区宽度，m；

x_2——锚杆长度，m；

k——安全系数，$k = 1.15 \sim 1.45$。

x_1 的计算公式如下：

$$x_1 = \frac{M\varepsilon}{2f}\ln\frac{C\left[1 + f\left(\frac{1}{\varepsilon} - 1\right)\cot\varphi\right]}{f\tau + C}$$

由 4.3 节中求得 31201 工作面 $x_1 = 2.28$ m，31303 工作面 $x_1 = 9.8$ m，x_2 的锚杆长度为 2 m，代入式（4-20）得：

$$B = k(x_1 + x_2) = k(2.28 + 2) = 4.922 \sim 6.206(\text{m})$$
$$B = k(x_1 + x_2) = k(9.8 + 2) = 13.57 \sim 17.11(\text{m})$$

故通过上述理论分析得：31210 工作面地质条件下沿空掘巷窄煤柱留设尺寸至少为 4.922 m，最大值不能超过掘巷前侧向支承压力峰值距采空区的距离，即窄煤柱合理宽度为 4.922 ~ 6.206 m；31303 工作面地质条件下沿空掘巷窄煤柱留设尺寸最少为 9.8 m，合理窄煤柱留设尺寸为 13.57 ~ 17.11 m。

4.4 双巷煤柱合理留设尺寸

1. 煤柱合理尺寸留设基本原则

（1）最大限度减少煤柱损失。

当区段间煤柱留设尺寸较大时，煤柱受两侧工作面回采扰动结束后，煤柱边缘两侧受支承应力作用处于应力状态较低的塑性区，而煤柱中央仍存在一定宽度的弹性核，能保证下区段巷道不受采动影响；当区段间煤柱留设尺寸较小时，承载能力较小，受采动支承应力作用后，煤柱发生破坏，中央弹性核消失，护巷作用被减弱。但是从提高回采率和减少煤柱尺寸角度考虑，不能无限制扩大煤柱尺寸使其采动后有较大的弹性核，也不能使煤柱完全破坏失稳，而应使其宽度在经受采动影响后仍具有较高的强度和自稳能力。

（2）控制巷道围岩变形量。

煤柱留设的主要作用是降低上区段工作面对下区段巷道的采动影响，控制巷道围岩变形量，在上区段采动影响结束后，巷道断面尺寸仍可满足安全生产的要求。

（3）有利煤柱自身稳定。

煤柱承载能力大小直接取决于煤柱尺寸，煤柱尺寸较小，承载能力较低，受采动影响，发生完全破坏，丧失承载能力，发生失稳；煤柱尺寸较大时，承载能力强，自稳性好，但煤损严重。

（4）适应采场应力变化规律。

回采巷道的布置，即要适应工作面推进过程中侧向顶板的断裂及回转的运动，也要适应回采结束后侧向支承压力的长期载荷作用。

（5）充分发挥锚杆支护作用。

锚杆支护有利于改善煤柱锚固部分的力学性能，改善锚固部分的应力状态，增加围压，提高煤柱的稳定性，减小煤柱尺寸。

2. 煤柱宽度的计算

煤柱宽度的理论计算方法主要有以下两种：依据煤柱应力分布计算、按煤柱的允许应力或煤柱能承受的极限载荷计算。极限强度理论认为：煤柱的宽度必须保证煤柱的极限载荷 δ 不超过它的极限强度 R。煤柱的宽度 B 计算式为

$$\frac{\gamma}{1000B}\Big[(B+D)H-\frac{1}{4}D^2\cot\sigma\Big]=R_C\Big(0.778+0.222\,\frac{B}{h}\Big) \qquad (4-21)$$

$$\frac{\gamma}{1000B}\Big[(B+D)H-\frac{1}{4}D^2\cot\sigma\Big]=R_{C1}\Big(0.64+0.36\,\frac{B}{h}\Big) \qquad (4-22)$$

煤柱的极限强度公式：

$$R=R_C\Big(0.778+0.222\,\frac{B}{h}\Big) \qquad (4-23)$$

$$R=R_{C1}\Big(0.64+0.36\,\frac{B}{h}\Big) \qquad (4-24)$$

式中　　R——岩柱强度，MPa；

　　　　R_C——岩柱原位临界立方体单轴抗压强度，MPa；

　　　　R_{C1}——临界尺寸岩柱的强度，MPa；

　　　　B——煤柱宽度，m；

　　　　h——岩柱宽度，m。

按应力分布计算，工作面回采结束后，护巷煤柱在横向上处于采空区和下一接续工作面的回采巷道之间，由于掘进和采动影响，在煤柱的采空区侧和巷道侧内分别形成一定宽度的塑性区。如图 4-10 所示，塑性区的宽度分别为 x_0 与 x_1。研究认为回采扰动后，煤柱保持稳定的基本条件是：在采动和掘进支承压力作用下，煤柱两侧发生塑性变形后，中央应仍存在一定宽度的弹性核，且该宽度不应小于采高的 2 倍。

$$B=x_0+2M+x_1 \qquad (4-25)$$

式中　　B——煤柱宽度，m；

　　　　x_0——回采空间对煤柱支承应力的极限平衡区范围，m；

　　　　x_1——采准巷道对煤柱支承应力的极限平衡区范围，m；

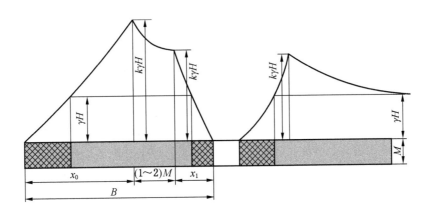

图 4 – 10 煤柱的弹塑性变形区及应力分布

M——煤柱高度，m。

限于参数的选取，本书按应力分布计算煤柱宽度。由上节理论计算得到采空区侧煤柱极限平衡区的范围为 $x_0 = 12.24$ m。而采准巷道一侧煤柱形成的塑性区范围也可通过极限平衡理论计算得到：

$$x_1 = \frac{M\beta}{2\tan\varphi_0}\ln\frac{k\gamma H + \dfrac{C_0}{\tan\varphi_0}}{\dfrac{C_0}{\tan\varphi_0} + \dfrac{P_x}{\beta}} \tag{4 – 26}$$

式中　　k——应力增高系数，取 2；

P_x——支架对煤帮的支护阻力，MPa；

M——巷道高度，m；

C_0——煤体的黏聚力，MPa；

H——采深，m；

φ_0——煤体的内摩擦角，(°)；

β——极限平衡区与核区界面处的侧压系数。

察哈素煤矿 2 – 2^{上} 煤层首采面厚度 2.7 m，巷道高度 2.8 m，工作面平均采深 350 m，煤层的内摩擦角 28°，煤层的内聚力 2.42 MPa，支架对煤帮的阻力为 0.1 MPa，极限平衡区与核区界面处的侧压系数取 0.45，岩层平均容重为 25 kN/m³，应力增高系数为开掘巷道时的应力系数，k 取 2.5。代入式（4 – 26）得 $x_1 =$ 7.275 m。

将计算结果代入式(4 – 25)得 $B \geqslant 12.24 + 2 \times 3.3 + 7.275 = 26.115$(m)。

同理,由上节理论计算得 31303 工作面采空区侧煤柱极限平衡区的范围为 $x_0 = 23.8$ m。31303 工作面煤层可采厚度 5.7 m,工作面平均采深 440 m,参考已开采工作面现场资料:煤体内聚力 2.4 MPa;内摩擦角取 30°;支架对煤帮产生的阻力,取 0;煤层和顶底板接触面的摩擦系数是 0.20;岩层平均容重是 25 kN/m³;工作面开采后煤柱支承应力增高系数,取 2.5。上述参数代入式 (4 – 26),计算得到工作面辅助运输巷开掘后产生的塑性区宽度为 9.53 m。31303 工作面采高 5.7 m,弹性核宽度取采高的 2 倍,将以上计算结果代入式 (4 – 25) 得 $B \geqslant 23.8 + 2 \times 5.7 + 9.53 = 44.73$(m)。经理论计算一侧采空后 31201 工作面、31303 工作面辅助运输巷的保护煤柱的宽度最小分别为 26.115 m、44.73 m。实际留设的煤柱尺寸偏小,是两工作面回采时辅助运输巷发生大变形与破坏主要原因。

4.5　本章小结

本章主要采用理论分析,结合 31303 工作面及 31201 工作面实际地质条件和回采技术参数对沿空顺采技术在厚及中厚煤层中的可行性展开分析研究,为同一煤层地质条件下接续工作面应用沿空顺采技术进行回采提供参考,并对沿空顺采技术中双巷间煤柱尺寸、沿空掘巷窄煤柱留设尺寸、沿空掘巷与上区段工作面和接续工作面合理错距等参数进行分析研究。主要得到以下结论:

(1)根据矿压理论研究,留窄煤柱护巷需要等待工作面顶板基本顶触矸稳定,简化工作面基本顶破断后的力学模型为一端支承在侧向煤体的铰接支座,另一端支撑在采空区碎胀矸石上的弹簧支座。采用 Maxwell 模型,推导出基本顶岩梁达到稳定状态所需时间 T,代入相关参数,得到 31201 采空区保持稳定多需要的时间为 89.6 d,因此得到掘进巷道与首采工作面之间的错距为 860.2 m。31303 工作面采空区保持稳定多需要的时间为 115.2 d,得到掘进巷道与首采工作面之间的错距为 1152 m。

(2)结合一侧采空实体煤侧支承应力分布规律,在距煤体边缘存在着煤柱的承载能力与支承压力处于极限平衡状态,对此建立极限平衡条件力学模型进行分析,得出一侧采空采空区侧破碎区宽度及极限平衡区的宽度。

(3)结合"综放沿空掘巷围岩大、小结构的稳定性原理"及推导得出的一侧采空采空区侧破碎区宽度及极限平衡区宽度,代入现场相关参数,得到 31210 工作面地质条件下沿空掘巷窄煤柱留设尺寸至少为 4.922 m,最大值不能超过掘巷前侧向支承压力峰值距采空区的距离,即窄煤柱合理宽度为 4.922 ~ 6.206 m;

31303 工作面地质条件下沿空掘巷窄煤柱留设尺寸最少为 9.8 m, 合理窄煤柱留设尺寸为 13.57 ~ 17.11 m。

（4）依据双巷间煤柱合理尺寸留设原则及国内外煤柱宽度计算公式, 结合采空区侧煤柱应力分布情况, 采用传统经典采动后煤柱保持稳定理论: "弹性核" 宽度不应小于煤柱高度（采高 M）的两倍, 结合现场相关参数, 得出一侧采空后 31201 工作面、31303 工作面辅助运输巷的保护煤柱的宽度最小分别为 26.115 m、44.73 m。实际留设的煤柱尺寸偏小, 是两工作面回采时辅助运输巷发生大变形与破坏主要原因。

5 3-1及2-2^{上}煤层采场支承压力分布规律实测

5.1 支承压力简介

煤层采出后，在围岩应力重新分布的范围内，作用在煤层、岩层和矸石上的垂直压力称为"支承压力"。在支承压力作用下发生的煤层压缩和破坏，相应部位的顶底板移动以及支架受力变形等现象统称为支承压力的显现。支承压力的显现可以在回采工作面和邻近的巷道中观测到。在回采工作面可以看到的现象有煤壁片帮和底板鼓起等。在超前巷道中，除了两帮煤壁的压缩和片帮外，顶板移近和支架受力等压力显现也都是比较容易观测到的。

为了进一步了解支承压力的性质，常将采场前方或巷道两侧的切向应力分布按大小进行分区，在工作面推进方向上，支承压力分布如图5-1所示。

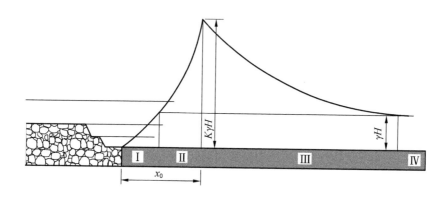

I—破裂区；II—塑性区；III—弹性区应力升高部分；IV—原始应力区

图5-1 工作面推进方向上支承压力分布

沿着工作面推进方向，支承压力分布可划分为四个区，分别是破裂区、塑性区、弹性区应力升高部分和原岩应力区。同时，按照切向应力的大小，又可分为减压区和增压区，其中比原始应力小的压力区为减压区，比原始应力大的压力区为增压区。增压区既是通常所说的支承压力区，支承压力区的边界一般可以取高于原岩应力的5%处作为分界处。

在工作面侧向上，根据关键层理论和采空侧上覆岩层活动规律可知，上区段工作面推进后，关键顶板在下区段煤体内断裂形成侧向砌体梁结构，从而形成工作面侧向的支承压力分布。由于工作面煤柱两侧为采准巷道或采空区，所以工作面侧向支承压力分布和工作面推进方向上的支承压力分布有一定的区别。工作面侧向支承压力分布如图5-2所示。

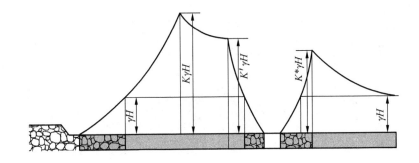

图5-2 煤柱的塑性变形区和支承压力分布

传统的留煤柱护巷方法通过在上区段运输平巷和下区段回风平巷之间留设一定宽度的煤柱，目的是使区段平巷避开固定支承压力峰值区，令煤柱内支承压力的分布类似于工作面推进方向上的支承压力分布。随着与采空区的距离增加，煤柱内依次出现破裂区、塑性区、弹性区应力升高部分和原始应力区。然而接续工作面巷道的开掘必然会破坏煤柱内的应力平衡，使煤柱内的应力重新分布，新开掘的巷道也会在其靠近煤柱侧形成其塑性变形区和支承压力。护巷煤柱保持稳定的基本条件是：煤柱两侧产生塑性变形后，在两侧中央存在一定宽度的弹性核。

所以，通过对煤柱内应力的监测，获得工作面超前支承压力分布和煤柱侧向支承压力分布规律，对于合理煤柱宽度留设的优化具有重要的现实和经济效益。

察哈素煤矿31303工作面在推进过程中矿山压力显现情况如图5-3所示。

支承压力的存在是绝对的。矿山压力的显现是支承压力作用的结果，就其显现的形式和程度而言，则是有条件的、相对的。因为只有当煤层承受的压力值达到其强度极限时，才会发生明显压缩和破坏；而巷道支架受力或变形，不仅取决于煤层破坏后顶底板的相对移动，而且与支架对顶底板的抵抗程度有关。总之，尽管支

(a) 顶板破碎形成"坠兜"

(b) 顶板出现裂缝

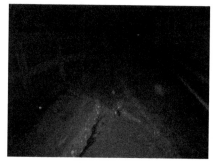
(c) 底板底鼓现象

(d) 副帮煤壁突出形成"突兜"

图 5-3 矿山压力显现情况

承压力的存在是支承压力显现的基础，但是不能简单地说有支承压力就一定有支承压力显现，更不能说支承压力显现最明显的地方就一定是压力高峰所在的部位。在生产现场经常会出现支承压力和支承压力显现程度不一致，甚至截然相反的情况。

影响支承压力参数的因素很多，主要是与开采深度有关的原岩应力、采空区的形状和尺寸、采空区上覆岩层的性质和动态、煤柱的强度和其周围采动状况以及煤层的开采厚度等。这些因素的不同使支承压力参数的变化范围很大，支承压力分布参数主要由现场实测得到。

5.2 3-1煤层31303工作面支承压力现场监测方案

5.2.1 钻孔应力计简介及安设

本次采用的钻孔应力计为 KSE-Ⅱ-1 型钻孔应力计，配套使用 KSE-Ⅱ型钢弦测力仪。KSE-Ⅱ-1 型钻孔应力计由压力传感器和数字显示仪（KSE-Ⅱ

型钢弦测力仪）组成的分离型钢弦振动式测频数字仪器，其中压力传感器的钻孔压力枕采用充油膨胀的特殊结构，用于煤矿井下煤岩体内相对压力测量。

压力传感器由包裹体、压力枕、安装插头、导压管、压力－频率转换器、注油嘴和电缆等组成。结构示意图如图5-4所示。

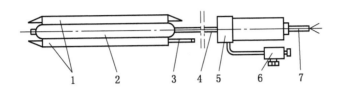

1—包裹体；2—压力枕；3—安装插头；4—导压管；5—压力－频率转换器；6—注油嘴；7—电缆

图5-4　压力传感器结构示意图

为了对比分析工作面推进过程对煤柱应力集中状态的影响，在距离工作面开切眼1600 m（即34L）和1950 m（即29L）的煤柱内各布置2个测站。钻孔位置示意图如图5-5所示。4个测站共布置14个钻孔应力计，测站2和测站4分别布置4个侧向支承压力应力计（ZK21～ZK24，ZK41～ZK44），测站1和测站3分别布置3个超前支承压力应力计（ZK11～ZK13，ZK31～ZK33）。平巷间区段煤柱宽度30 m，测点详细布设参数见表5-1。

钻孔应力计的量程为0～20 MPa，初始应力为4 MPa。钻孔位置距离巷道底板高度1.5 m左右，适用钻孔直径为45～50 mm，钻孔应力计安装成功后记录编号及初次读数。

5.2.2　钻孔应力计测量原理及数据处理方法

KSE-Ⅱ-1型钻孔应力计测量原理：煤、岩体钻孔内应力发生变化，通过压力枕两面的包裹体传递到充液膨胀起来的压力枕，被转变为压力枕内液体压力，该压力经导压管再传递到压力－频率转换器，把压力变成相应的钢弦振动的频率信号，经数字显示仪处理并显示出煤、岩体钻孔内应力的变化量。

由于使用的测力仪采用油压枕式，测试的支承压力通过油压枕中液体压力来间接反映，因此测量的数据为支承压力变化的相对值，而不是绝对值。虽不能完全反映出煤体中实际支承压力的大小，但可以反映出其变化趋势和应力的集中程度。

钢弦测力仪主机是按照下式计算测量结果：

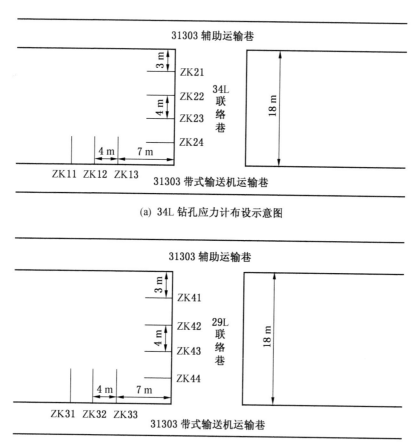

(a) 34L 钻孔应力计布设示意图

(b) 29L 钻孔应力计布设示意图

图 5-5　钻孔应力计布设图

$$P = C(f_0^2 - f^2)$$

式中　C——压力传感器的标定系数，每台压力传感器的 C 值不同，测量时向
　　　　数字显示仪输入该系数，各台压力传感器的 C 值不能混用；

　　　f_0——压力传感器的初始频率值（安装前的空载频率值），Hz；

　　　f——安装后，压力传感器的实际频率值，数字显示仪自动采集，Hz；

　　　P——钻孔应力计的测量值，为钻孔应力计的内力值，MPa。

　仪器使用前，对应力计的相关参数进行标定，详细情况见表 5-1。

表5-1 钻孔应力计参数统计

测站编号	煤体应力计编号	钻孔位置	钻孔深度/m	初始频率/Hz	C 值常数
测站1 (超前应力)	ZK11	34L	7.5	1957	1.953×10^{-5}
	ZK12	34L	7.5	1964	1.848×10^{-5}
	ZK13	34L	7.5	1965	1.692×10^{-5}
测站2 (侧向应力)	ZK21	34L	5.0	1957	1.645×10^{-5}
	ZK22	34L	5.0	1976	1.941×10^{-5}
	ZK23	34L	5.0	1976	1.712×10^{-5}
	ZK24	34L	5.0	1977	2.108×10^{-5}
测站3 (超前应力)	ZK31	29L	7.5	1977	1.780×10^{-5}
	ZK32	29L	7.5	1981	2.096×10^{-5}
	ZK33	29L	7.5	1942	1.949×10^{-5}
测站4 (超前应力)	ZK41	29L	5.0	1983	1.971×10^{-5}
	ZK42	29L	5.0	1960	2.144×10^{-5}
	ZK43	29L	5.0	1979	1.964×10^{-5}
	ZK44	29L	5.0	1938	1.862×10^{-5}

5.3 31303 工作面侧向支承压力数据分析

5.3.1 34L 侧向支承压力

34L处侧向应力计监测时间为8月23日至9月17日,对应推进距离为1400～1750 m。图5-6所示为应力计监测期间得到的煤体侧向支承压力变化曲线图。

由观测数据分析可知,随着工作面距测点距离的接近,ZK21应力计在距工作面前方150 m至采空区后方-100 m的过程中,应力变化曲线变化幅度很小,基本维持稳定,在距工作面前方50 m时曲线开始逐渐增加,小幅度增加后又逐渐趋于稳定。该位置为密闭墙外墙,可能影响应力计监测,导致测点监测压力值偏低,但比ZK24应力计压力值稍偏大。在距工作面前方80 m时,ZK22应力计

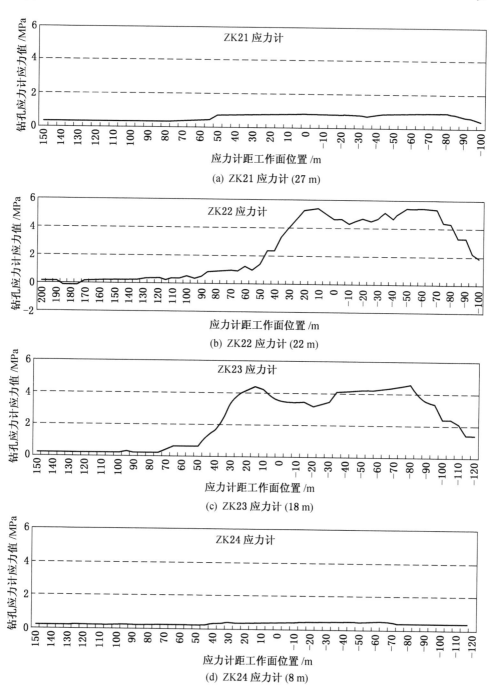

图 5-6　34L 测站侧向煤体应力计内部压力变化曲线

压力逐渐升高，50 m 时增长速率加快，在工作面前方 25～10 m 时，出现峰值区最大峰值应力值为 5.42 MPa，随后逐渐降低。在工作面推过钻孔 15 m 后再次达到最大应力值为 5.47 MPa，一直到工作面推过钻孔 80 m 附近后应力才开始逐步降低。ZK22 钻孔相比于 ZK21 和 ZK23 钻孔的应力值大，应为侧向应力高峰值附近。在距工作面 65 m 时，ZK23 应力计监测的应力变化曲线逐渐升高，45 m 后曲线开始快速增长，在距工作面 20～10 m 时出现应力峰值区，应力最大增至为 4.37 MPa。然后曲线随着工作面继续推进先小幅度下降，在推过测点 20 m 后压力曲线再次逐渐升高到最大值为 4.57 MPa，至工作面推过约 80 m 后开始逐步下降。ZK24 钻孔应力计监测结果显示在工作面前方 200 m 至推过测点后 150 m 过程中，压力曲线变化幅度很小，基本保持稳定，与 ZK21 相似。

5.3.2　29L 侧向支承压力

29L 处侧向应力计有效监测时间为 9 月 17 日至 10 月 17 日，对应推进度为 1750～2100 m。图 5-7 所示为应力计监测期间得到的不同深度煤体侧向支承压力变化曲线图。

由监测数据分析可知，在工作面前方 150 m 至进入采空区 100 m 过程中，ZK41 应力计观测结果显示，应力曲线变化幅度很小，基本保持稳定。需要补充说明，由于在工作面推过该测点 60 m 后，应力计受生产影响发生故障，故推过 60 m 后的数据为非正常监测数据。在距工作面前方 85 m 时，ZK42 应力计应力曲线逐渐升高，工作面距测点 50 m 时应力曲线增长速率加快，20～0 m 时出现应力峰值区峰值应力最大为 5.81 MPa。随着工作面继续推进直至推过测点一段距离后，应力曲线逐渐降低，当推过测点 40 m 后压力再次升高，直到工作面推过 100 m 后仍旧维持较高压力最高可至 5.89 MPa。同样，与 34L 处 ZK22 观测结果相似，应为侧向应力高峰值附近。距工作面前方 55 m 时，ZK43 应力计监测应力曲线逐渐升高，工作面距测点 35 m 时应力曲线开始快速上升，20～0 m 时达到最大值为 4.61 MPa，随后逐渐降低，进入采空区后略微提高。工作面自前方 150 m 至进入采空区 100 m 过程中，ZK44 应力计的应力变化幅度很小，压力值保持一个较小值，基本保持不变。

5.3.3　31303 工作面侧向支承压力监测结论

对比并总结 2 个测站侧向煤体应力分布特征可知：

（1）辅助运输平巷副帮以里 8 m 附近围岩为巷道掘进形成的塑性破坏范围。4 号钻孔应力计位于开采工作面外侧煤柱内 8 m 处，随着工作面的不断推进直至

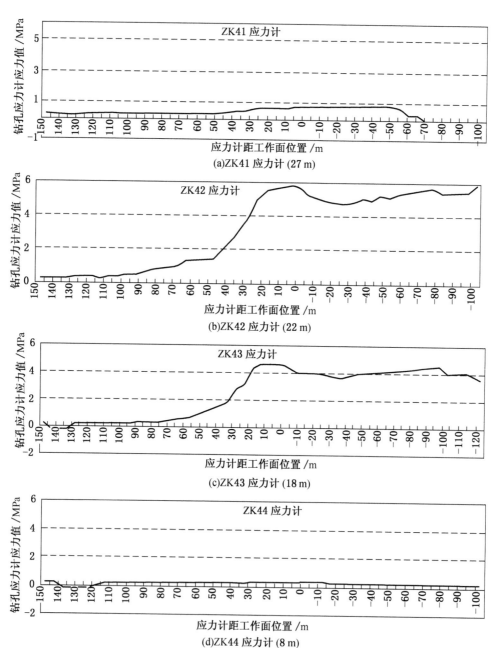

图5-7 29L测站侧向煤体应力计内部压力变化曲线

工作面后方100 m以外其压力值变化幅度很小，基本呈现稳定状态。说明此阶段周围的煤体基本未受到采动影响，仍保持掘巷影响阶段的塑性破坏状态。

（2）煤体侧向支承压力峰值距1号、2号和3号钻孔应力计位于回采工作面侧方煤柱内8～22 m。随着工作面的不断推进其压力值变化明显，尤其是2号和3号钻孔应力计，保持相对高压的时间较长，由工作面前方30～20 m至工作面后方100 m，个别钻孔在工作面后方更远处应力下降。数据表明，以31303工作面运输平巷副帮为基准，侧向支承压力峰值在22～27 m之间。侧向应力峰值增加时刻出现在工作面煤壁前方30 m至后方100 m共130 m范围内。

（3）侧向顶板断裂结构和应力分布特征。工作面采动侧向影响范围最远至约22 m，支承压力峰值范围为侧向约22～27 m。工作面后方80～100 m时，侧向支承压力明显下降预示着顶板的断裂运动，顶板侧向断裂深度约23 m。

5.4 31303工作面超前支承压力数据分析

通过34L和29L处超前支承压力观测数据分析31303工作面超前支承压力分布规律。

5.4.1 34L处超前支承压力

34L处工作面超前应力计有效监测时间为8月23日至9月17日，对应工作面推进度为1400～1750 m。图5-8为应力计监测期间得到反映的不同深度煤体超前支承压力变化曲线图。

在工作面前方48 m时，ZK13应力计应力变化曲线开始明显增长，距工作面约19～0 m时应力达到最大值为3.22 MPa，随后逐渐降低。ZK12应力计在工作面前方52.5 m时应力变化曲线开始明显增长，工作面推到距测点约19～0 m时应力值达到最大为3.95 MPa，之后稍有下降。ZK11应力计距工作面72.5 m时应力变化曲线开始明显上升，应力峰值在距工作面前方约21～0 m时出现，约为4.52 MPa，此后稍有下降。

5.4.2 29L处超前支承压力

29L处工作面超前应力计有效监测时间为9月17日至10月17日，对应工作面推进度为1750～2100 m。图5-9为应力计内压反映的不同深度煤体超前支承压力变化曲线图。

ZK33应力计在距工作面前方45 m处应力变化曲线开始显著增长，应力峰值在距工作面15～5 m时出现，为3.63 MPa，此后稍有下降。ZK32应力计距工作

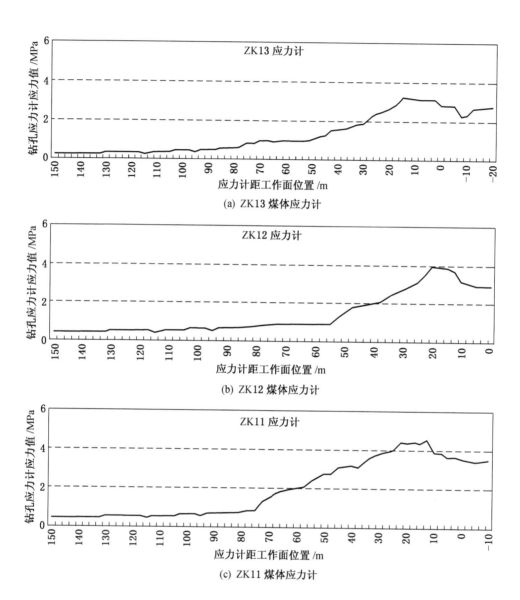

图 5-8 34L 测站超前煤体应力计内部压力变化曲线

面 55 m 处应力变化曲线开始明显增长，距工作面 18 ~ 0 m 时达到应力最大值 4.85 MPa。ZK31 应力计距工作面 55 m 处应力曲线开始显著增长，在距工作面 20 ~ 13 m 时出现约 5.02 MPa 的峰值应力。

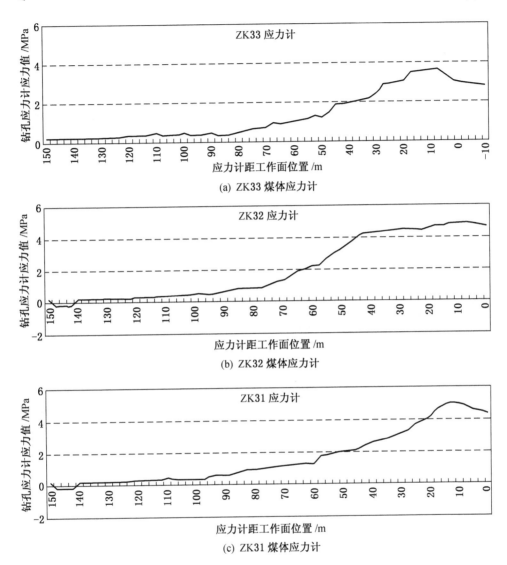

图5-9 29L测站超前煤体应力计内部压力变化曲线

5.4.3 超前支承压力监测结论

（1）工作面超前支承压力明显影响范围。34L联巷处1～3号应力计观测表明，工作面前方48～72.5/58 m，煤体应力开始明显增长，29L联巷处工作面前方45～55/51 m煤体应力明显增长。由此可知，工作面超前支承压力影响范围平均值 51 ~ 58 m，最大 72.5 m。

（2）工作面超前支承压力峰值距离。34L 联巷处，工作面前方侧向煤柱内 10 m 处煤体峰值距离 19 ~ 21 m，29L 联巷处该值为 13 ~ 18 m。因此，工作面超前支承压力峰值距离 13 ~ 21 m。支承压力峰值为一个区域，前方 21 ~ 13 m 至 0 m 煤壁范围内支承压力值均保持峰值略有下降。监测表明工作面前方 150 ~ －10 m 侧向 7 m 范围内煤柱煤体应力状态没有受到工作面采动的明显影响。

5.5　2 – 2^{上} 煤层 31201 工作面支承压力现场监测方案

5.5.1　钻孔应力计和锚杆测力计简介及安设

本次采用的钻孔应力计为 GPD60 型矿用压力传感器，通过通信电缆将钻孔应力计与矿压监测分站连接，利用分站的存储功能将钻孔应力计测得的实时煤柱应力数据保存下来，供以后的分析用。压力传感器的钻孔压力枕采用充油膨胀的特殊结构，煤柱内应力的变化将会引起压力枕内油压的变化，但钻孔应力计只能监测到煤柱应力的变化量，不能测得应力的真实值，因此用于井下煤岩体内相对压力的测量。

采用的锚杆测力计为 GMY300 矿用锚杆（索）应力传感器，锚杆测力计也通过通信电缆与分站连接，用分站来记录锚杆力的变化。当被测结构物内部发生应力变化时，锚杆应力计将受到拉伸或压缩，钢套同步产生变形，变形使锚杆应力计感受拉伸或压缩的变形，并将变形传递给振弦转变成振弦应力的变化，从而改变振弦的振动频率。电磁线圈激振振弦并测量其振动频率，频率信号经电缆传输至读数装置，即可测出被测结构物内锚杆所受的应力。

矿压监测分站用于收集巷道不同位置的钻孔应力计和锚杆测力计获得的数据，并通过通信电缆或自身存储将数据传到地面调度室或存储起来，以备后期的分析使用。

5.5.2　钻孔应力计和锚杆测力计的安装

将钻孔应力计和锚杆测力计安装完毕，并完成钻孔应力计和锚杆测力计与分站的连接，将分站与电源进行连接。

为了研究煤柱中的应力分布规律，分别在距离工作面切眼 850 m 和 950 m 的位置，以及 31201 工作面带式输送机运输平巷和 31203 回风平巷中布置了四个测站，共 20 个钻孔应力计，如图 5 – 10 所示。同时每个测站又分别布置了 4 个锚杆测力计，布置情况如图 5 – 11 所示。

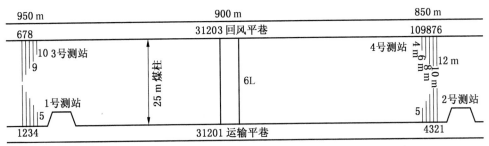

图5-10 钻孔应力计布设示意图

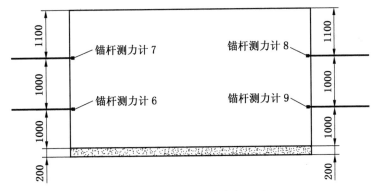

图5-11 锚杆测力计布置图

这样，每一个测站布置了9个测点，以测站2为例，每个测点布置的具体参数如图5-12所示。

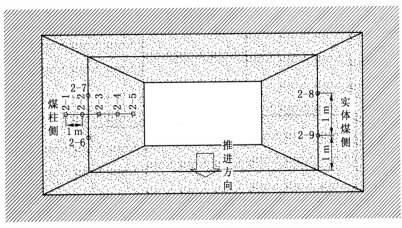

图5-12 测站2测点布置及参数设置

4个测站的钻孔应力计和锚杆测力计的详细情况见表5-2。

表5-2 钻孔应力计参数统计

测站编号	应力计设备	编号	钻孔位置（距开切眼）/m	钻孔深度/m	初始应力/MPa
测站1（带式输送机运输平巷）	钻孔应力计	1-1	950	4	4.5
		1-2	951	6	4.5
		1-3	952	8	4.5
		1-4	953	10	4.5
		1-5	954	12	4.5
	锚杆测力计	1-6	952		8
		1-7	952		4.3
		1-8	952		5.6
		1-9	952		3.5
测站2（带式输送机运输平巷）	钻孔应力计	2-1	850	4	4.5
		2-2	849	6	4.5
		2-3	848	8	4.5
		2-4	847	10	4.5
		2-5	846	12	4.5
	锚杆测力计	2-6	848		27
		2-7	848		4.2
		2-8	848		7.5
		2-9	848		27
测站3（31203回风平巷）	钻孔应力计	3-1	950	4	4.5
		3-2	951	6	4.5
		3-3	952	8	4.5
		3-4	953	10	4.5
		3-5	954	12	4.5
	锚杆测力计	3-6	952		9.2
		3-7	952		9
		3-8	952		25
		3-9	952		11

表5-2（续）

测站编号	应力计设备	编　号	钻孔位置 （距开切眼）/m	钻孔深度/m	初始应力/ MPa
测站4 (31203回风 平巷)	钻孔应 力计	4-1	850	4	4.5
		4-2	849	6	4.5
		4-3	848	8	4.5
		4-4	847	10	4.5
		4-5	846	12	4.5
	锚杆测 力计	4-6	848		36
		4-7	848		16
		4-8	848		23
		4-9	848		9

安装后的分站及钻孔应力计如图5-13所示。

图5-13　分站及钻孔应力计安装图

5.6　31201工作面侧向支承压力数据分析

5.6.1　850 m处侧向支承压力

工作面推进方向上850 m处煤柱内对向布置了5对深度不同的钻孔应力计以监测煤柱内侧向支承压力的分布规律，设备在9月6日开始投入使用，此时由于距离工作面较远，应力计读数在经历了应力的重新平衡后长期保持稳定，当工作面推进650 m时，根据前述巷道围岩变形监测的成果，将重点分析距离工作面

200 m 范围左右的煤柱应力变化。由于测站 2 布置在带式输送机运输平巷内，工作面推过（10 月 23 日）后无法进行后续观测，同时由于测站 4 位于 31203 回风平巷内，工作面推过后将继续进行煤柱应力的观测。图 5 - 14 为 850 m 处测站 2 和测站 4 不同深度的钻孔应力计读数与工作面推进度的关系曲线。

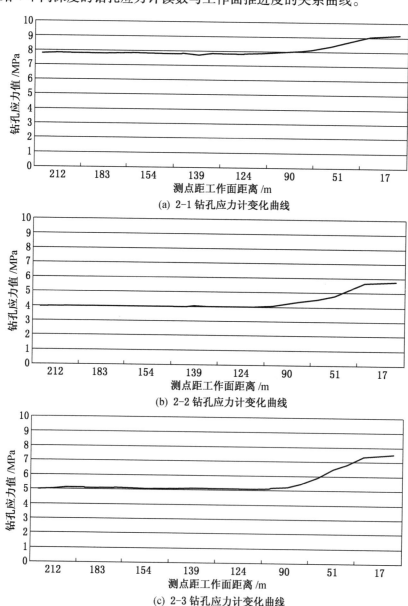

(a) 2-1 钻孔应力计变化曲线

(b) 2-2 钻孔应力计变化曲线

(c) 2-3 钻孔应力计变化曲线

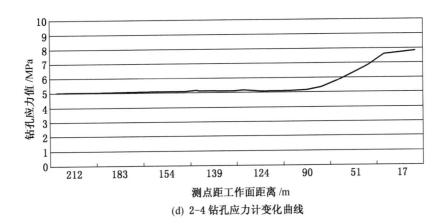

(d) 2-4 钻孔应力计变化曲线

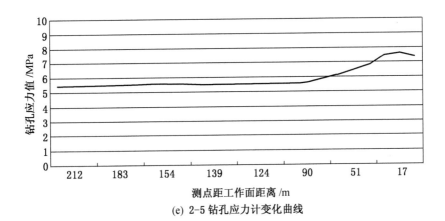

(e) 2-5 钻孔应力计变化曲线

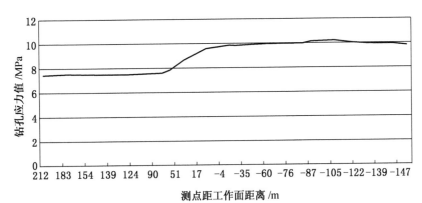

(f) 4-5 钻孔应力计变化曲线

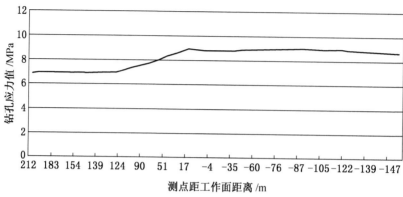

(g) 4-4 钻孔应力计变化曲线

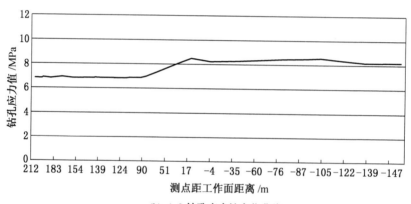

(h) 4-3 钻孔应力计变化曲线

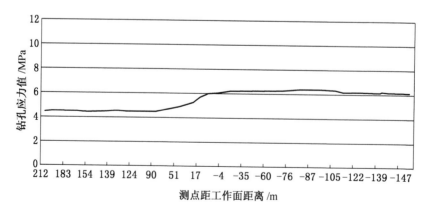

(i) 4-2 钻孔应力计变化曲线

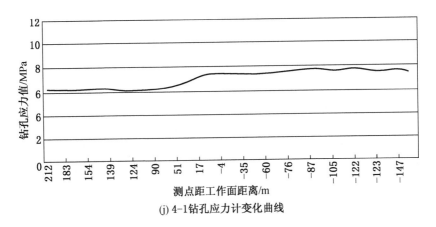

(j) 4-1钻孔应力计变化曲线

图 5-14 850 m 处钻孔应力计变化曲线

从图 5-14 中可以看出，2-1 号钻孔应力计长时间保持在 7.9 MPa，当工作面推进至距离该钻孔 55 m 时，该应力值开始逐渐升高，距离 15 m 时应力值升高至 9 MPa，最终得到的数据为 9.1 MPa。2-2 号钻孔应力计长时间保持在 4 MPa，当工作面推进至距离该钻孔接近 90 m 时，该应力值开始逐渐升高，距离 15 m 时应力值升高至 5.8 MPa，最终得到的数据为 5.9 MPa。2-3 号钻孔应力计长时间保持在约为 5 MPa，当工作面推进至距离该钻孔接近 93 m 时，该应力值开始逐渐升高，距离 15 m 时应力值升高至 7.5 MPa。2-4 号钻孔应力计长时间保持在 5 MPa，当工作面推进至距离该钻孔接近 85 m 时，该应力值开始逐渐升高，距离 15 m 时应力值升高至 7.6 MPa，最终得到的数据为 7.9 MPa。2-5 号钻孔应力计长时间保持在 5.5 MPa，当工作面推进至距离该钻孔接近 76 m 时，该应力值开始逐渐升高，距离 15 m 时应力值升高至 7.5 MPa，最终得到的数据为 7.3 MPa，其应力分布先增加后降低，可直接认为煤柱内部 12 m 深的煤体从弹性发展到塑性。

12 m 深的 2-5 号钻孔，当工作面推进至距离测站 65 m 时应力开始增加，距离工作面 15 m 位置时达到最大，接近工作面时为 9.6 MPa，且随着工作面推过，应力值继续增加，当工作面推过 40 m 以后趋于稳定值，保持在 10 MPa。从应力值变化趋势来看，距离工作面 13 m 位置的煤柱煤体应力处于上升，随之处于稳定状态，可认为其保持弹性状态，结合图 5-14e 距离工作面 12 m 深的钻孔应力可确定，受 31201 工作面采动影响，煤柱内极限平衡区范围在 12 m 左右。

31203 回风平巷中 10 m 深 4-4 号钻孔应力计，当工作面推进至距离测站 124 m 时应力开始增加，距离工作面 15 m 位置时达到最大为 8.8 MPa，随着工作面推进及推过，支承应力略有降低，长时间保持在8.6 MPa左右。8 m深4-3号钻孔应力计，当工作面推进至距离测站90 m时应力开始增加，距离工作面15 m位置时达到最大，最大值约为8.3 MPa，且随着工作面推过，应力值略有降低，工作面推过后，应力值保持在8.1~8.5 MPa范围内。6 m深的4-2号钻孔应力计，当工作面推进至距离测站90 m时应力开始增加，距离工作面15 m位置时达到最大，最大值约为6 MPa。4 m深的4-1号钻孔应力计，当工作面推进至距离测站93 m时应力开始增加，距离工作面15 m位置时达到最大，最大值约为7.6 MPa，且随着工作面推过，应力值基本稳定在这一数据范围内。

5.6.2　950 m处侧向支承压力

工作面推进方向距离开切眼950 m处煤柱内也对向布置了5对深度不同的钻孔应力计以监测煤柱内侧向支承压力的分布规律，图5-15为950 m处测站1和测站3不同深度的钻孔应力计读数与工作面推进度的关系曲线。

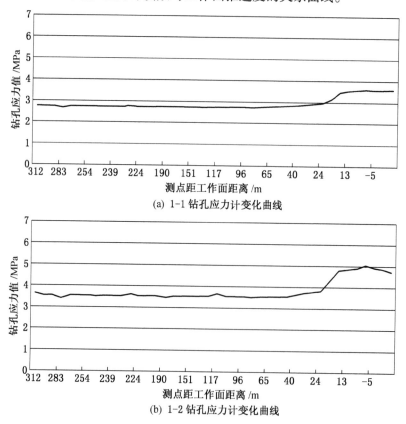

(a) 1-1钻孔应力计变化曲线

(b) 1-2钻孔应力计变化曲线

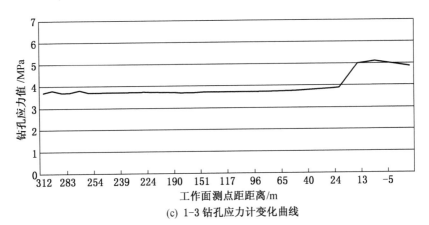

(c) 1-3 钻孔应力计变化曲线

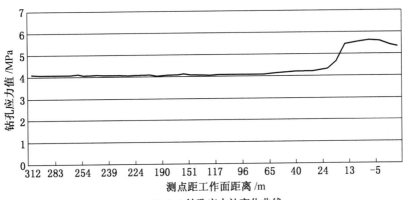

(d) 1-4 钻孔应力计变化曲线

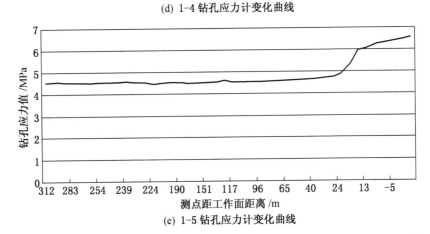

(e) 1-5 钻孔应力计变化曲线

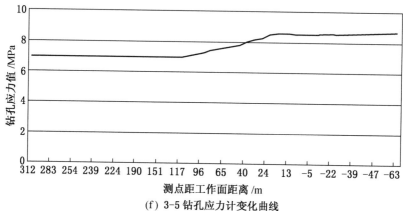

(f) 3-5 钻孔应力计变化曲线

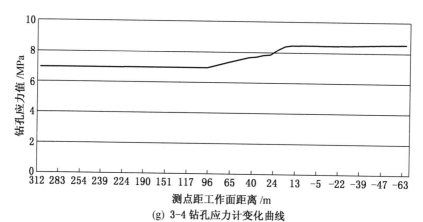

(g) 3-4 钻孔应力计变化曲线

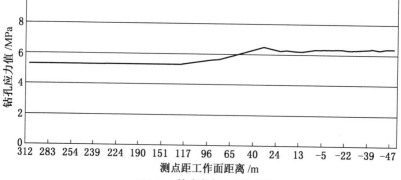

(h) 3-3 钻孔应力计变化曲线

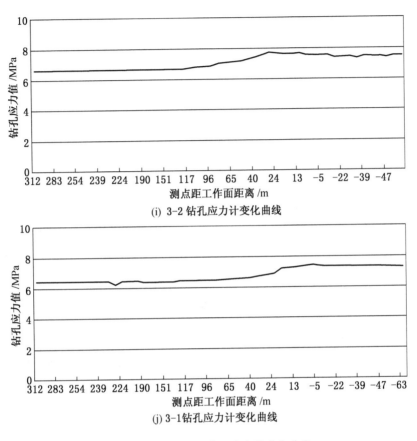

(i) 3-2 钻孔应力计变化曲线

(j) 3-1钻孔应力计变化曲线

图 5-15 950 m 处钻孔应力计变化曲线

  带式输送机运输平巷中 4 m 深的 1-1 号钻孔应力计，当工作面推进至距离测站 40 m 时应力开始增加，距离工作面 13 m 时达到最大，最大值约为 3.5 MPa。6 m 深的 1-2 号钻孔应力计及 8 m 深的 1-3 号钻孔，当工作面推进至距离测站 42~50 m 时应力开始增加，接近工作面时达到最大，最大值约为 5 MPa。从应力分布趋势来看，应力值先增后降低，认为两处测点随着工作面推进从弹性变为塑性，即处于极限平衡区内。10 m 深的 1-4 号钻孔，当工作面推进至距离测站 65 m 时应力开始增加，接近工作面 5 m 时达到最大，最大值约为 5.7 MPa，后开始降低，认为该测围岩状态也从弹性为塑性，即处于极限平衡区内。12 m 深的 1-5 号钻孔应力计，当工作面推进至距离测站 40 m 时应力开始增加，接近工作面时达到最大，最大值约为 6.3 MPa。从应力分布趋势来看，应力值随着工作面推进始终处于增加趋势，即处于弹性状态。

31203 回风平巷中 12 m 深 3 – 5 号的钻孔应力计，当工作面推进至距离测站 117 m 时应力开始增加，应力值随着工作面推进先处于增加趋势，距离工作面 24 m 时达到最大值，约为 8.6 MPa，工作面推过后略有降低，长时间保持在 8.4 MPa。10 m 深的 3 – 4 号钻孔应力计，当工作面推进至距离测站 96 m 时应力开始增加，距离工作面 18 m 时达到最大值，约为 8.3 MPa，且长时间保持稳定值。8 m 深的 3 – 3 号钻孔应力计，当工作面推进至距离测站 117 m 时应力开始增加，距离工作面 32 m 时达到最大值，约为 6.4 MPa，随着工作面继续推进，该应力值略有降低，长时间保持在 6.1 MPa。6 m 深的 3 – 2 号钻孔应力计，当工作面推进至距离测站 117 m 时应力开始增加，距离工作面 24 m 时达到最大值，约为 7.8 MPa，随着工作面继续推进，该应力值略有降低，长时间保持 7.4 MPa。4 m 深的 3 – 1 号钻孔应力计，当工作面推进至距离测站 85 m 时应力开始增加，接近工作面时达到峰值，约为 7.2 MPa，随着工作面继续推进，该应力值略有降低，长时间保持在 7.1 MPa。

5.6.3 31201 工作面侧向支承压力分布规律分析

通过在带式输送机运输平巷与 31203 回风平巷煤柱两侧布置的钻孔应力计，得到煤柱内不同钻孔深度的应力变化等数据，对 950 m 测站煤柱两侧的钻孔应力计进行计算分析，距离带式输送机运输平巷距离分别为 4 m、6 m、8 m、10 m、12 m、13 m、15 m、17 m、19 m 以及 21 m，其应力分布曲线如图 5 – 16 所示。

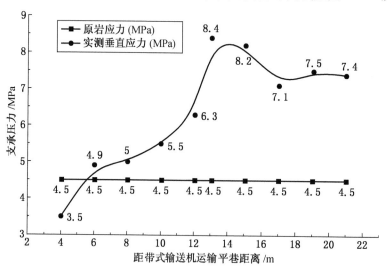

图 5 – 16 950 m 测站煤柱内部应力分布示意图

工作面推至测站位置时的煤柱内部支承应力分布情况为:原始应力值为4.5 MPa,煤柱在工作面侧4 m深度的应力值为4 MPa,6 m深度的应力值为6 MPa,因此可近似认为破坏区距离煤壁侧为5 m,但破坏的距离不代表破坏的范围,需要考虑煤柱锚杆的支承作用;距离工作面侧13 m位置的应力达到8.4 MPa,随后应力值开始降低,但靠近31203回风平巷的应力较4.5 MPa均较大,距离工作面21 m处应力值仍为7.4 MPa,因此,认为25 m宽煤柱承载相对较大。

5.7 31201工作面超前支承压力数据分析

在布置钻孔应力计的4个测站处同时布置了锚杆测力计,以监测超前支承压力的分布规律。每个测站的同一断面分别布置了4个锚杆测力计,具体分布如图5-11所示。

5.7.1 测站2超前支承压力分析

由于测站2的2-8锚杆测力计的传感器在安装后不久因工人在安装管路时不慎损坏,故测站2最终有效的锚杆测力计为3个,图5-17为测站2的3个锚杆测力计的读数与工作面推进度的关系曲线。

由图5-17可知,测站2处锚杆承载自工作面前方39~47 m开始明显增加,在工作面前方17 m左右由于超前支架移架时将电缆线压断,因此测站2的数据记录到工作面前方17 m时结束。除2-7测点外其余测点的锚杆测力计受力并没有收敛,而是随着工作面的推进继续增大,测点2-7在工作面前方17~23 m处锚杆受力突然变小,后经现场查看,认为这是由于煤柱片帮造成的。

5.7.2 测站4超前支承压力分析

图5-18为测站4的4个锚杆测力计的读数与工作面推进度的关系曲线。

由图5-18可知,测站4处锚杆受力自工作面前方39~47 m开始增加,在工作面前方17~22 m左右时变化率达到最大。因此,可以认为超前支承压力的明显作用范围是工作面前方39~47 m的区域,而超前支承压力峰值在工作面前方17~22 m处。

5.7.3 测站1超前支承压力分析

由于测站1的1-7锚杆测力计在安装后不久因平巷洒水清洗作业导致传感器进水损坏,故测站1最终有效的锚杆测力计为3个。图5-19为测站1的3个锚杆测力计的读数与工作面推进度的关系曲线。

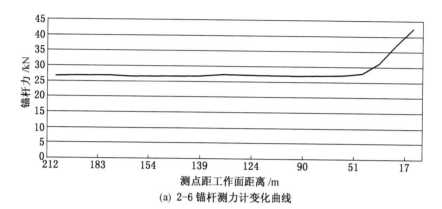

(a) 2-6 锚杆测力计变化曲线

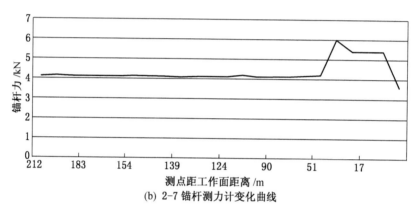

(b) 2-7 锚杆测力计变化曲线

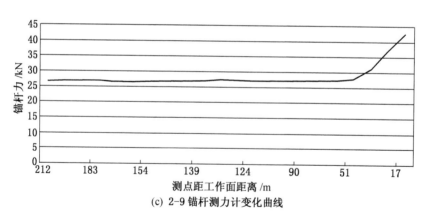

(c) 2-9 锚杆测力计变化曲线

图 5-17 测站 2 锚杆测力计变化曲线

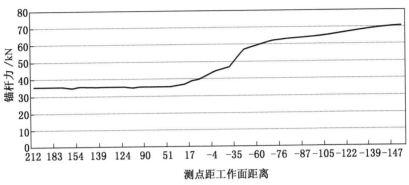

(a) 4-6 锚杆测力计变化曲线

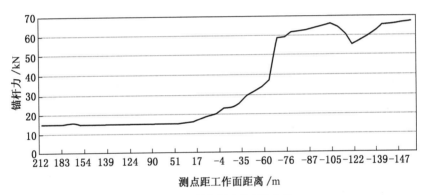

(b) 4-7 锚杆测力计变化曲线

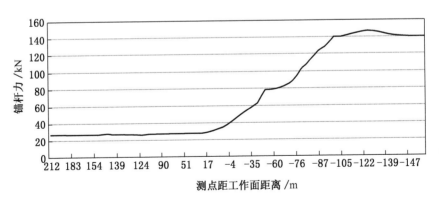

(c) 4-8 锚杆测力计变化曲线

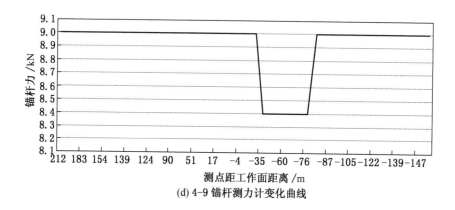

(d) 4-9锚杆测力计变化曲线

图5-18　测站4锚杆测力计变化曲线

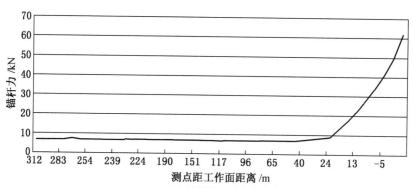

(a) 1-6锚杆测力计变化曲线

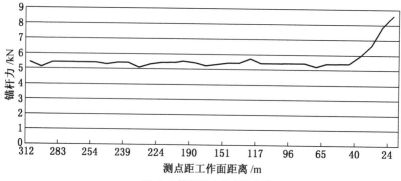

(b) 1-8锚杆测力计变化曲线

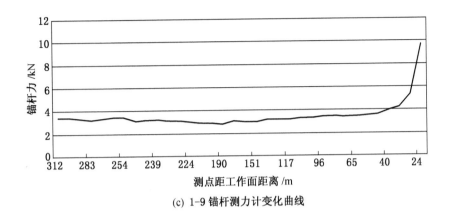

(c) 1-9锚杆测力计变化曲线

图5-19 测站1锚杆测力计变化曲线

由图5-19可知,测站1处锚杆力自工作面前方42~47 m开始增加,测点1-6处锚杆力在工作面前方21~24 m处变化率达到最大,因此,可以认为超前支承压力的明显作用范围是工作面前方42~47 m的区域,而超前支承压力峰值在工作面前方21~24 m处。

5.7.4 测站3超前支承压力分析

图5-20为测站3的4个锚杆测力计的读数与工作面推进度的关系曲线。

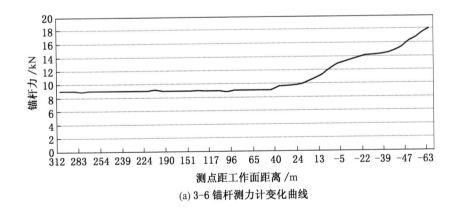

(a) 3-6锚杆测力计变化曲线

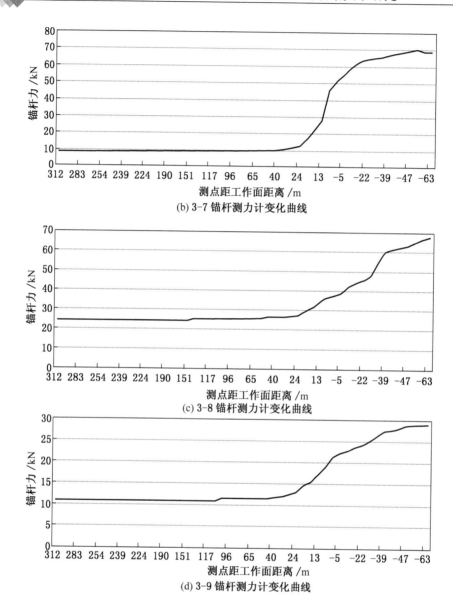

(b) 3-7 锚杆测力计变化曲线

(c) 3-8 锚杆测力计变化曲线

(d) 3-9 锚杆测力计变化曲线

图 5-20　测站 3 锚杆测力计变化曲线

　　由图 5-20 可知,测站 3 处锚杆力自工作面前方 38～43 m 开始增加,锚杆力在工作面前方 17～19 m 处变化率达到最大。因此,可以认为超前支承压力的明显作用范围是工作面前方 38～43 m 的区域,而超前支承压力峰值在工作面前方 17 ~ 19 m 处。

5.7.5 超前支承压力分析

综合 4 个测站中 16 个锚杆测力计的数据，除去 4 个因故障而不能使用的锚杆测力计，12 个锚杆测力计的监测结果表明：超前支承压力的明显作用范围是工作面前方 38 ~ 47 m 的区域，而超前支承压力峰值在工作面前方 17 ~ 24 m 处。

5.8 本章小结

本章为了进一步合理确定沿空顺采技术中双巷间煤柱尺寸、沿空掘巷窄煤柱留设尺寸，沿空掘巷超前接续工作面距离，对 3 号煤层 31303 工作面及 3-2^上煤层 31201 工作面回采过程中工作面侧向及超前支承应力分布进行现场实测，以期为察哈素煤矿同煤层接续工作面回采应用沿空顺采技术提供现场数据支撑。本章首先简要介绍了支承压力及其在 31303 工作面引起矿山压力显现情况，并就此次在 31303、31201 工作面监测使用的钻孔应力计及其测量原理进行说明。通过在 31303 工作面及 31201 工作面回采巷道中布设钻孔应力计，并对钻孔应力计监测期间内应力变化情况进行记录分析，得到 31303、31201 工作面回采期间支承压力分布规律如下：

（1）煤柱应力监测结果表明：以 31303 工作面胶带运输巷负帮为基准，侧向支承压力峰值在 22 m 处附近，应力增加时刻出现在工作面煤壁前方 30 m 至后方 100 m 共 130 m 范围内，最大应力集中系数 $k_{1max} = 1.61$。

（2）工作面超前支承压力影响范围平均值 51 ~ 58 m，最大 72.5 m。峰值距离 13 ~ 21 m，最大应力集中参数 $k_{2max} = 1.52$，因此掘进工作面与接续工作面之间合理错距应在 72.5 m 以上。

（3）通过对 31201 工作面 850 m、950 m 测站侧向支承压力的监测，得到煤柱侧向支承压力分布规律，确定煤柱破碎区在距煤壁 5 m 以内，支承应力峰值在距煤壁 13 m 以内，并注意到距煤壁 21 m 处的煤柱应力值为 7.4 MPa，相对原岩应力 4.5 MPa 较大，因此原留设煤柱尺寸 25 m 时巷道仍处于较高支承应力影响下，留设宽度相对较小。

（4）确定 31201 工作面超前支承压力影响范围在 100 m 以上，当测点距工作面 38 ~ 47 m 左右时，采动影响剧烈，超前支承压力峰值在工作面前方 17 ~ 24 m 处，所以掘进工作面与接续工作面之间合理错距应在 60 m 以上。

6 $3-1$ 及 $2-2^{上}$ 煤层巷道表面位移实测

6.1 31303 工作面巷道表面位移观测内容

测站布置在 31303 工作面辅助运输平巷、运输平巷和 31303 工作面回风平巷，共计 3 条平巷，共实测 33 个测站位置处巷道顶底板移近量和巷道两帮相对移近量。

6.2 31303 工作面巷道表面位移观测测区布置

$0\sim500$ m 推进阶段，在 31303 工作面运输平巷内距开切眼前方 30 m 和 100 m 处布设第 1、2 组测站，后续沿沿巷道轴向方向布置 4 个测站，测站间平均间隔 100 m，6 个测站距切眼距离分别为 30 m、100 m、210 m、300 m、400 m、500 m。每个测站布设一个测量断面。按照同样的方法和位置在其余两条巷道内分别布设 6 个测站，如图 6-1 所示。

$1500\sim1800$ m 推进阶段，在 31303 工作面运输平巷内距开切眼前方 1600 处布设第 1 组测站，设计沿巷道轴向方向布置 5 个测站，测站间间隔 50 m，5 个测站距开切眼距离分别为 1600 m、1650 m、1700 m、1750 m、1800 m。每个测站布设一个测量断面。按照同样的方法和位置在其余两条巷道内分别布设 5 个测站，如图 6-2 所示。

6.3 31303 工作面巷道表面位移观测方法及制度

6.3.1 巷道表面位移观测方法

巷道表面变形观测采用十字布点法安设表面测点监测断面变化，如图 6-3 所示。一般要求顶底测点要位于巷中，帮部测点位于底板上方 1500 mm 位置，测点放置要便于观测。在巷道顶、底板垂直方向和两帮腰部水平方向选取固定好的锚杆作为测点，用喷漆标记，贴上反光纸，并编号管理。

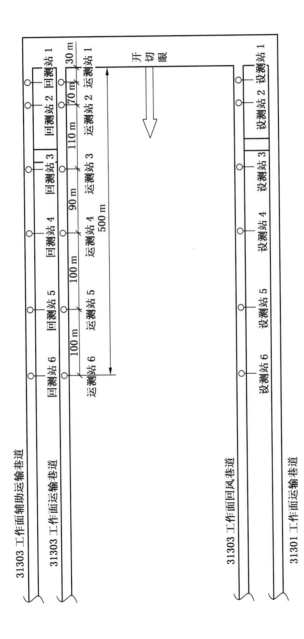

图 6-1 31303 工作面平巷表面位移测站布置示意图(0～500 m)

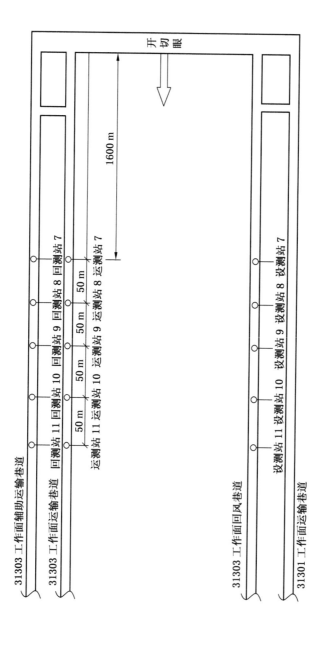

图 6-2 31303 工作面平巷表面位移测站布置示意图(1500~1800 m)

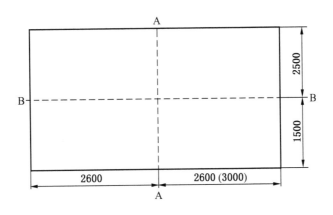

图 6 -3 巷道表面位移测量断面示意图

帮部变形量以两侧反光贴之间的水平距离为准，顶底板移近量以顶板反光贴至底板反光贴垂直距离为准。

在两侧帮部测点锚杆位置拉细绳，同时测量细绳水平面至底板测点的距离为巷道底鼓量值，2 人操作。

观测工具：激光测距仪 2 个，精度 mm，细线 300 m。

6.3.2 巷道表面位移观测制度

31303 工作面运输平巷和回风平巷内的测点观测至进入工作面切顶线为止，外侧的 31303 辅助运输观测至巷道围岩变形基本保持稳定为止。观测期间发现巷道存在其他问题时及时上报。

6.4 31303 工作面观测数据分析

6.4.1 运输平巷

第一阶段，31303 工作面运输平巷 1 ~6 号巷道表面位移测站处巷道变形量如图 6 -4、图 6 -5 所示。

由图 6 -4、图 6 -5 可知，1 ~6 号测站巷道顶底板最大移近量为 70 ~161 mm，平均顶底板最大移近量 95.7 mm。1 ~6 号测站顶底板移近速度 7.5 ~24.5 mm/d，平均最大顶底板移近速度为 16.8 mm/d。3 号测站在位于工作面前方 24 m 时，测站监测到最大移近量为 70 mm。2 号测站位于工作面前方 10 m 时，监测到最大的

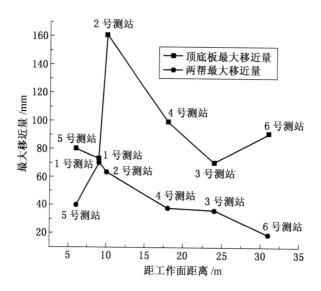

图6-4 （第一阶段）运输平巷1~6号测站巷道
表面最大位移变化折线图

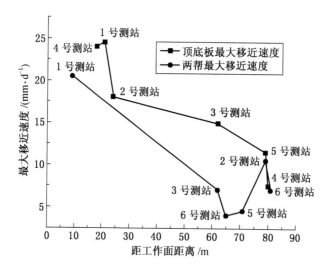

图6-5 （第一阶段）运输平巷1~6号测站巷道
表面最大移近速度变化折线图

移近量为161 mm。6号测站位于工作面前方80 m，监测到最小的最大移近速度7.5 mm/d。1号测站位于工作面前方21 m，监测到最大的最大移近速度24.5 mm/d。1~6号测站巷道两帮最大移近量19~70 mm，平均两帮最大移近量44.3 mm。6号测站位于工作面前方31 m，监测到两帮最大移近量为19 mm。1~6号测站巷道两帮最大移近速度4~20.5 mm/d，平均两帮最大移近速度为8.9 mm/d。1号测站位于工作面前方9 m时，监测到最大的最大移近量为70 mm。6号测站距离工作面前方65 m，监测到最小的最大移近速度4 mm/d。1号测站位于工作面前方9 m，监测到最大的最大移近速度20.5 mm/d。

综上所述：0~500 m段，31303运输巷道顶底板与两帮移近量、移近速度较大，巷道宏观变形较显著；随着开采空间的深部延伸，顶底板与两帮移近量、移近速度增加，巷道断面纵向径缩比例大于横向径缩比例，表现为巷道顶底板变形量显著于两帮变形量，巷道变形以顶底板移近为主，其中底鼓是主导因素。巷道顶底板与两帮最大移近位置、最大移近速度位置基本同步，沿工作面推进方向，距离工作面越近测点受采动影响越严重，巷道表面变形越剧烈，巷道顶底板与两帮移近量、移近速度均达到最大值。

第二阶段，31303工作面运输平巷1~5号巷道表面位移测站处巷道变形量如图6-6、图6-7所示。

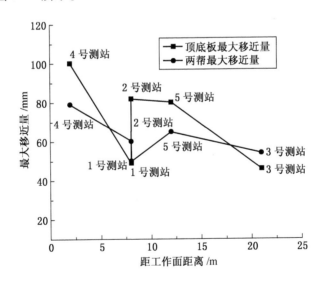

图6-6　（第二阶段）运输平巷1~5号测站巷道
表面最大位移变化折线图

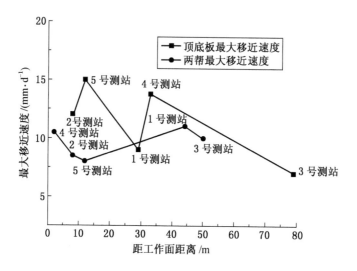

图 6-7 （第二阶段）运输平巷 1~6 号测站巷道
表面最大移近速度变化折线图

由图 6-6、图 6-7 可知 1~5 号测站顶底板最大移近量 46~100 mm，平均顶底板最大移近量 71.4 mm。1~5 号测站顶低板最大移近速度 7~15 mm/d，平均最大顶底板移近速度为 11.4 mm/d。3 号测位于工作面前方 21 m，监测到最小的最大移近量为 46 mm。4 号测站位于工作面前方 2 m，监测到最大的最大移近量为 100 mm。3 号测站位于工作面前方 79 m，监测到最小的最大移近速度 7 mm/d。5 号测站位于工作面前方 12 m，监测到最大的最大移近速度 15 mm/d。1~5 号测站两帮最大移近量 50~79 mm，平均两帮最大移近量 61.6 mm。1~5 号测站两帮最大移近速度 8~11 mm/d，平均最大两帮移近速度为 9.6 mm/d。2 号测站位于工作面前方 8 m，监测到最小的最大移近量为 50 mm。4 号测站位于工作面前方 2 m，监测到最大的最大移近量为 79 mm。5 号测站位于工作面前方 12 m，监测到最小的最大移近速度 8 mm/d。1 号测站位于工作面前方 44 m，监测到最大的最大移近速度 11 mm/d。

综上所述：1500~1800 m 段，31303 运输巷道顶底板与两帮移近量、移近速度较大，巷道宏观变形较显著。

6.4.2 辅助运输平巷

第一阶段，31303 工作面辅助运输平巷 1~6 号测站巷道表面位移测站处巷道变形量如图 6-8、图 6-9 所示。

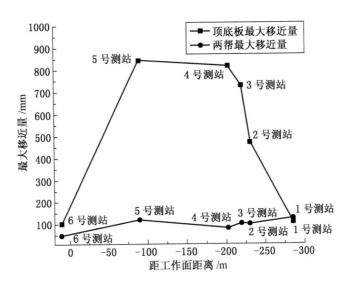

图6-8 （第一阶段）辅助运输平巷1～6号测站巷道
表面最大位移变化折线图

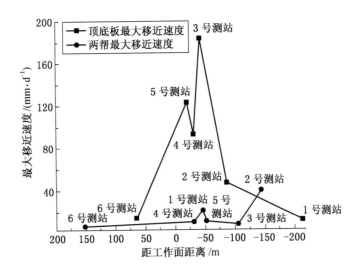

图6-9 （第一阶段）辅助运输平巷1～6号测站巷道
表面最大移近速度变化折线图

由图6-8、图6-9可知，1~6号测站顶底板最大移近量103~844 mm，平均顶底板最大移近量512.5 mm。1~6号测站顶板移近速度12~184 mm/d，平均最大顶底板移近速度为78.8 mm/d，离散性较大。6号测站位于工作面前方10 m时，监测到最小的最大移近量为103 mm，此时5号测站距离该测站位于工作面后方90 m时，监测到最大的最大移近量为844 mm。1号测站距离位于工作面后方214 m，监测到最小的最大移近速度12 mm/d。3号测站位于工作面后方42 m，监测到最大的最大移近速度184 mm/d。1~6号测站两帮最大移近量46~124 mm，平均两帮最大移近量95.3 mm。1~6号测站两帮最大移近速度6~40 mm/d，平均两帮最大移近速度为16.0 mm/d。6号测站距离工作面前方10 m时，监测到最小的最大移近量为46 mm。1号测站位于工作面后方286 m，监测到最大的最大移近量为124 mm。6号测站位于工作面前方152 m，监测到最小的最大移近速度6 mm/d。2号测站位于工作面后方144 m，监测到最大的最大移近速度40 mm/d。

综上所述：31303辅助运输平巷巷道变形特征比31303运输平巷巷道变形更明显，变形量和移近速度均较大。

第二阶段，31303工作面辅助运输平巷1~5号巷道表面位移测站处巷道变形量如图6-10、图6-11所示。

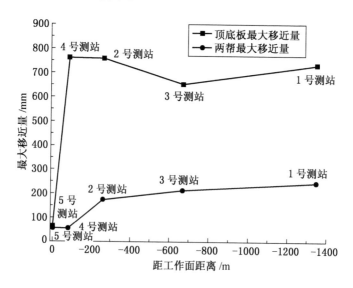

图6-10 （第二阶段）辅助运输平巷1~5号测站巷道
表面最大位移变化折线图

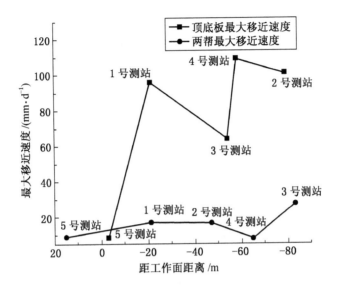

图6-11 （第二阶段）辅助运输平巷1~5号测站巷道
表面最大移近速度变化折线图

由图6-10、图6-11可知，1~5号测站顶底板最大移近量65~758 mm，平均顶底板最大移近量593.4 mm。5号测站位于工作面后方3 m，监测到最小的最大移近量为65 mm。2号测站位于工作面后方163 m，监测到最大的最大移近量为758 mm。1~5号测站顶低板移近速度8.5~109 mm/d，平均最大顶底板移近速度为75.7 mm/d。5号测站位于工作面后方3 m，监测到最小的最大移近速度8.5 mm/d。4号测站位于工作面后方58 m，监测到最大的最大移近速度109 mm/d。1~5号测站两帮最大移近量57~245 mm，平均两帮最大移近量148.8 mm。1号测站位于工作面后方900 m，监测到最大的最大移近量为245 mm。1~5号测站两帮最大移近速度8~27.5 mm/d，平均两帮最大移近速度为15.6 mm/d。4号测站位于工作面后方65 m，监测到最小的最大移近速度8 mm/d。3号测站位于工作面后方83 m，监测到最大的最大移近速度27.5 mm/d。

综上所述：31303辅助运输巷变形特征比31303运输巷道变形更明显，变形量和移近速度均较大。在经历连续观测后，与工作面之间距离超过近900 m后巷道变形才趋于一稳定值，认为工作面后方采空区覆岩运动已经稳定，巷道顶底板移近量累计达到700 mm，两帮移近量达到245 mm。

6.4.3 回风平巷

第一阶段，31303 工作面回风平巷 1～6 号巷道表面位移测站处巷道变形量如图 6－12、图 6－13 所示。

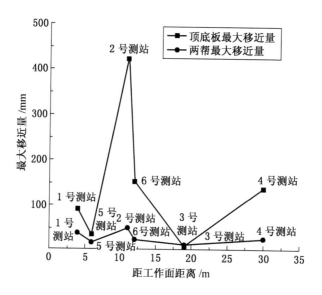

图 6－12 （第一阶段）回风平巷 1～6 号测站巷道表面最大位移变化折线图

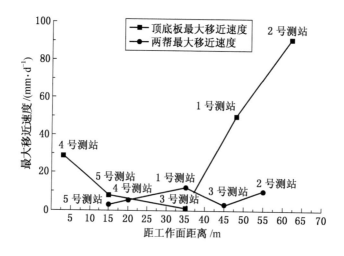

图 6－13 （第一阶段）回风平巷 1～6 号测站巷道表面最大移近速度变化折线图

由图 6 - 12、图 6 - 13 分析可知，1 ~ 6 号测站顶底板最大移近量 9 ~ 423 mm，平均顶底板最大移近量 141.8 mm。3 号测站位于工作面前方 19 m，监测到最小的最大移近量为 9 mm。2 号测站位于工作面前方 11 m，监测到最大的最大移近量为 423 mm。1 ~ 6 号测站顶低板移近速度 1.5 ~ 91 mm/d，平均最大顶底板移近速度为 36.0 mm/d。3 号测站位于工作面前方 40 m，监测到最小的最大移近速度 1.5 mm/d。2 号测站位于工作面前方 62 m，监测到最大的最大移近速度 91 mm/d。1 ~ 6 号测站两帮最大移近量 14 ~ 50 mm，平均两帮最大移近量 29.2 mm。3 号测站位于工作面前方 19 m，监测到最小的最大移近量为 14 mm。2 号测站位于工作面前方 11 m 监测到最大的最大移近量为 50 mm。1 ~ 6 号测站两帮最大移近速度 3.5 ~ 12 mm/d，平均最大两帮移近速度为 6.2 mm/d。1 号测站位于工作面前方 35 m，监测到最大的最大移近速度 12 mm/d。

第二阶段，31303 工作面回风平巷 1 ~ 5 号巷道表面位移测站处巷道变形量如图 6 - 14、图 6 - 15 所示。

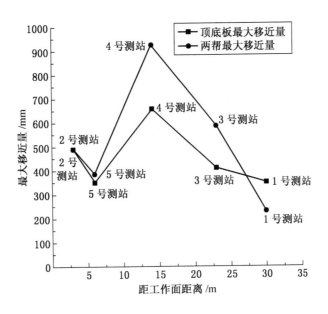

图 6 - 14　（第二阶段）回风平巷 1 ~ 5 号测站巷道表面最大位移变化折线图

由图 6 - 14、图 6 - 15 分析可知，1 ~ 5 号测站顶底板最大移近量 348 ~ 657 mm，平均顶底板最大移近量 451.4 mm。1 号测站位于工作面前方 30 m，监测到最小的最大移近量为 348 mm。4 号测站位于工作面前方 14 m，监测到最大的最大移

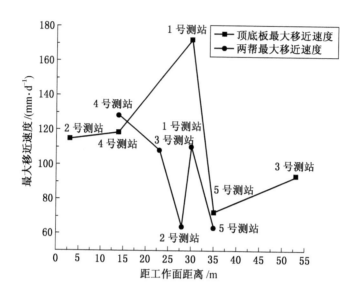

图 6-15 （第二阶段）回风平巷 1~5 号测站巷道表面最大移近速度变化折线图

近量为 657 mm。1~5 号测站顶板移近速度 72.5~172 mm/d，平均最大顶底板移近速度为 114.3 mm/d。5 号测站位于工作面前方 35 m，监测到最小的最大移近速度 72.5 mm/d。1 号测站位于工作面前方 30 m 监测到最大的最大移近速度 172 mm/d。1~5 号测站两帮最大移近量 229~924 mm，平均两帮最大移近量 523.2 mm。1 号测站位于工作面前方 30 m，监测到最小的最大移近量为 229 mm。4 号测站位于工作面前方 14 m，监测到最大的最大移近量为 924 mm。1~5 号测站两帮最大移近速度 63.5~128.5 mm/d，平均最大两帮移近速度为 94.8 mm/d。5 号测站位于工作面前方 35 m，监测到最小的最大移近速度 63.5 mm/d。4 号测站位于工作面前方 14 m 时，监测到最大的最大移近速度 128.5 mm/d。

综上所述可知：由于 31303 工作面回采第一阶段两侧均为实体煤，第二阶段一侧为实体煤，另一侧为 31301 工作面采空区。31303 工作面与 31301 采空区搭界后，矿压显现发生了明显变化，导致 31303 工作面回风平巷第二阶段巷道变形量，较第一阶段发生了显著增加。表 6-1 所示为 331303 工作面回风平巷两个阶段的巷道表面位移监测情况对比。

由表 6-1 可知，31303 工作面与 31301 采空区搭界后，31303 回风平巷矿压显现明显比第一阶段剧烈。31303 回风平巷受 31301 采空区动压影响变形严重，煤柱整体平移，且监测表明超前压力峰值区域增至 30~50 m 范围，超前影响范围增至 100 m 左右，煤壁前方 80 m 范围内底鼓严重，正帮片帮严重，副帮肩窝挤压形成坠兜。局部顶板中部破碎，下沉。缩面通道在距工作面 30 m 时，底鼓开始加剧，最严重地段底鼓高度 1.5 m 左右。

表 6-1 31303 工作面回风平巷两个阶段的表面位移平均值

阶段	平均顶底板最大移近量/mm	平均顶底板最快移近速度/(mm·d⁻¹)	巷道两帮平均最大移近量/mm	巷道两帮平均最快移近速度/(mm·d⁻¹)
第一阶段	141.8	36.0	29.2	6.2
第二阶段	451.4	114.3	523.2	94.8

6.5 31201 工作面平巷巷道变形观测

根据项目实施方案，在 31201 工作面的三条平巷布置了五组测站。15 个测点，分别布置在三条平巷距离开切眼 20 m、50 m、150 m、850 m 和 950 m 位置，布置图如图 6-16 所示。在工作面推进过程中，对这 15 个测站分别进行变形观测记录并进行统计。巷道表面变形观测仍采用十字布点法安设表面测点监测断面变化。

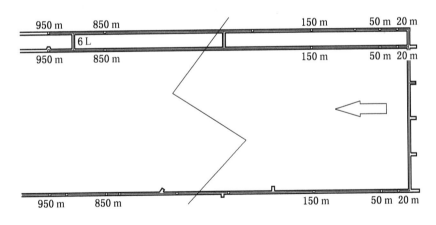

图 6-16 巷道表面位移观测站布置图

6.5.1 回风平巷

1）测站 1

测站 1 位于 31201 工作面开切眼前方 20 m 处，回风平巷测站 1 巷道表面移近量变化情况如图 6−17 所示。

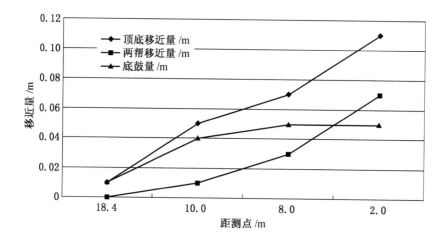

图 6−17　测站 1 巷道表面位移变化折线图

分析数据，认为测站 1 开始即受到采动影响，随着工作面推进，巷道变形量持续增加，在距离工作面 2 m 范围内，顶底板最终移近量为 0.11 m，两帮最终移近量为 0.07 m，最终底鼓量为 0.05 m。

2）测站 2

测站 2 位于 31201 工作面开切眼前方 50 m 处，回风平巷测站 2 巷道表面移近量变化情况如图 6−18 所示。

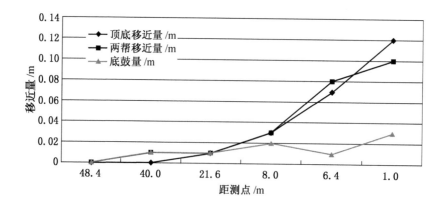

图 6−18　测站 2 巷道表面位移变化折线图

由图 6-18 可知，观测周期内，工作面开采即影响到巷道变形，测站 2 位置巷道顶底板最终移近量为 0.12 m，两帮最终移近量为 0.10 m，底鼓量最终为 0.03 m。

3）测站 3

测站 3 位于 31201 工作面开切眼前方 150 m 处，回风平巷测站 3 巷道表面移近量变化情况如图 6-19 所示。

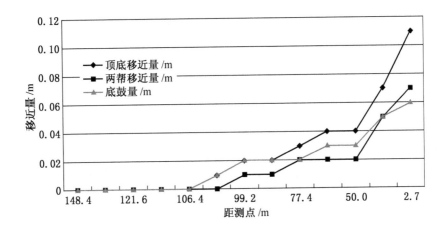

图 6-19 测站 3 巷道表面位移变化折线图

由图 6-19 可知：测量周期内，测站 3 位置巷道顶底板最终移近量为 0.11 m，两帮最终移近量为 0.07 m，底鼓量最终为 0.06 m。另外，从数据中可以看出，工作面开采对巷道侧的超前采动影响为 106.4 m，结合 31201 工作面覆岩运动情况，也即受到基本顶发生初次来压的影响，受采动影响巷道变形的剧烈期在工作面前方 50 m 处。与图 6-17 对比，发现测站 2（距开切眼 50 m）变形量大于测站 3（距开切眼 150 m），分析其原因是测站 2 距离顶板断裂位置近，受到初次来压剧烈影响的原因。

4）测站 4

测站 4 位于 31201 工作面开切眼前方 850 m 处的回风平巷中，回风平巷测站 4 巷道表面移近量变化情况如图 6-20 所示。

由图 6-20 可知：测量周期内，测站 4 位置巷道顶底板最终移近量为 0.09 m，两帮最终移近量为 0.08 m，底鼓量最终为 0.05 m，工作面开采对测站 4 的超前采动影响距离为 32 m。

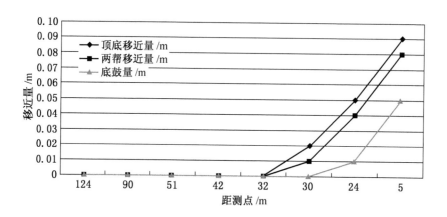

图6-20　测站4巷道表面位移变化折线图

5）测站5

测站5位于31201工作面开切眼前方950 m处的回风平巷中，回风平巷测站5巷道表面移近量变化情况如图6-21所示。

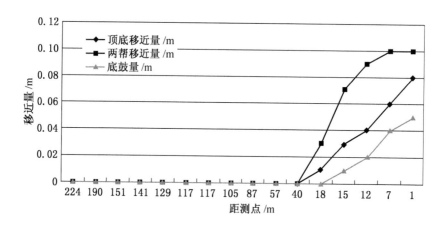

图6-21　测站5巷道表面位移变化折线图

由图6-21可知：测量周期内，测站5位置巷道顶底板最终移近量为0.08 m，两帮最终移近量为0.10 m，底鼓量最终为0.05 m，从数据来看，受采动影响的超前距离约为18 m。

6.5.2 带式输送机运输平巷

1）测站1

测站1位于31201工作面开切眼前方20 m处，31201工作面带式输送机运输平巷巷道测站1表面移近量变化情况如图6-22所示。

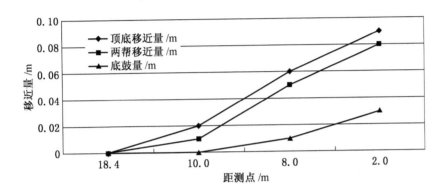

图6-22 测站1巷道表面位移变化折线图

由图6-22可知：①测量周期内，测站1位置巷道顶底板最终移近量为0.09 m，两帮最终移近量为0.08 m，底鼓量最终为0.03 m；②该测站位于工作面前方8 m处时，巷道顶底板移近速度及两帮移近速度最大。

2）测站2

测站2位于31201工作面开切眼前方50 m处，31201工作面胶运平巷巷道测站2表面移近量变化情况如图6-23所示。

由6-23可知：测量周期内，工作面距离测站40 m时巷道出现变形，测站2位置巷道顶底板最终移近量为0.13 m，两帮最终移近量为0.09 m，底鼓量最终为0.05 m。

3）测站3

测站3位于31201工作面开切眼前方150 m处，31201工作面带式输送机运输平巷测站3巷道表面移近量变化情况如图6-24所示。

由图6-24可知：与回风平巷测站3相似，在带式输送机运输平巷巷道的测量周期内，受基本顶初次来压步距影响，工作面的超前采动影响距离为100~106.4 m，测站3位置巷道顶底板最终移近量为0.1 m，两帮最终移近量为0.08 m，底鼓量最终为0.06 m。

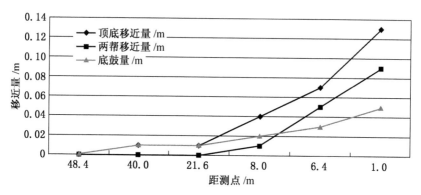

图 6 - 23　测站 2 巷道表面位移变化折线图

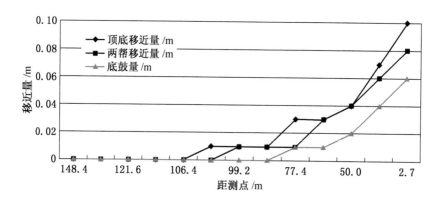

图 6 - 24　测站 3 巷道表面位移变化折线图

4）测站 4

测站 4 位于 31201 工作面开切眼前方 850 m 处的带式输送机运输平巷内，31201 工作面带式输送机运输平巷测站 4 巷道表面移近量变化情况如图 6 - 25 所示。

由图 6 - 25 可知：测量周期内，工作面的超前采动影响距离为 32～42 m，测站 4 位置巷道顶底板最终移近量为 0.10 m，两帮最终移近量为 0.08 m，底鼓量最终为 0.06 m。

5）测站 5

位于 31201 工作面开切眼前方 950 m 处的带式输送机运输平巷中，31201 工作面带式输送机运输平巷测站 5 巷道表面移近量变化情况如图 6 - 26 所示。

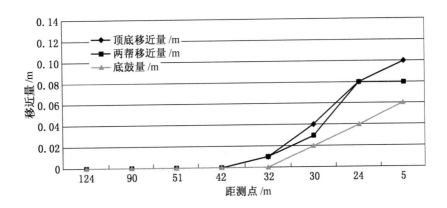

图6-25 测站4巷道表面位移变化折线图

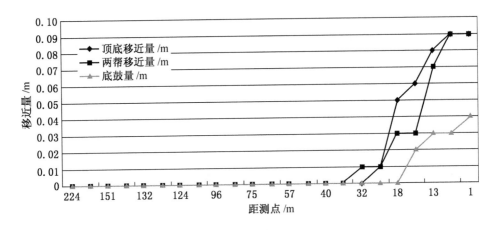

图6-26 测站5巷道表面位移变化折线图

由图6-26可知：测量周期内，工作面的超前采动距离为32.2~40.2 m，测站5位置巷道顶底板最终移近量为0.09 m，两帮最终移近量为0.09 m，底鼓量最终为0.04 m。

6.5.3 31201工作面31203回风平巷表面位移观测

1）测站1

测站1位于31201工作面开切眼前方20 m处，31201工作面31203回风平巷巷道测站1表面移近量变化情况如图6-27所示。

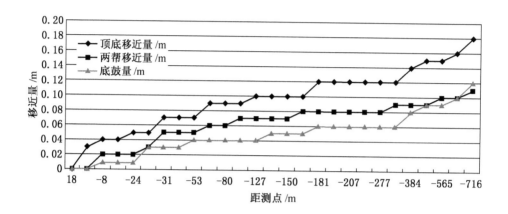

图 6-27　测站 1 巷道表面相对位移图

由图 6-27 可知：测量周期内，测站 1 位置巷道顶底板移近量为 0.18 m，两帮移近量为 0.11 mm，底鼓量为 0.12 mm。

2）测站 2

测站 2 位于 31201 工作面开切眼前方 50 m 处，31201 工作面 31203 回风平巷巷道测站 2 表面移近量变化情况如图 6-28 所示。

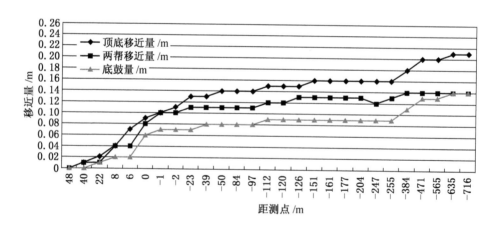

图 6-28　测站 2 巷道表面相对位移图

由图 6-28 可知：测量周期内，测站 2 位置巷道顶底板移近量为 0.21 m，两帮移近量为 0.14 mm，底鼓量为 0.14 mm。

3）测站 3

测站 3 位于 31201 工作面开切眼前方 150 m 处，31201 工作面 31203 回风平巷巷道测站 3 表面移近量变化情况如图 6-29 所示。

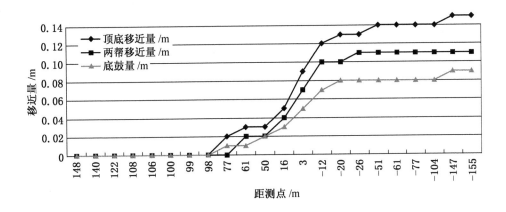

图 6-29 测站 3 巷道表面相对位移图

由图 6-29 可知：测量周期内，工作面的超前采动影响距离为 77.4 ~ 97.6 m，测站 3 位置巷道顶底板最终移近量为 0.15 m，两帮最终移近量为 0.11 m，底鼓量最终为 0.09 m。

4）测站 4

测站 4 位于 31201 工作面开切眼前方 850 m 处的 31203 回风平巷内，由于监测期间对 31203 回风平巷内的地面进行硬化，所以对测站 3-4 和 3-5 的观测只能终止。31201 工作面 31203 回风平巷巷道测站 4 表面移近量变化情况如图 6-30 所示。

由图 6-30 可知：测量周期内，工作面的超前采动影响距离为 32 ~ 42 m，测站 4 位置巷道顶底板最终移近量为 0.21 m，两帮最终移近量为 0.12 m，底鼓量最终为 0.13 m。

5）测站 5

测站 5 位于 31201 工作面开切眼前方 950 m 处的辅助带式输送机运输平巷中，31201 工作面 31203 回风平巷巷道测站 5 表面移近量变化情况如图 6-31 所示。

由图 6-31 可知：测量周期内，工作面的超前采动距离为 48.2 m，测站 5 位置巷道顶底板移近量为 0.17 m，两帮移近量为 0.14 m，底鼓量为 0.12 m。

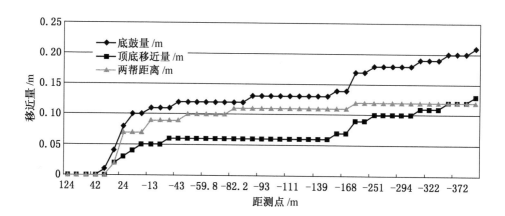

图 6-30　测站 4 巷道表面相对位移图

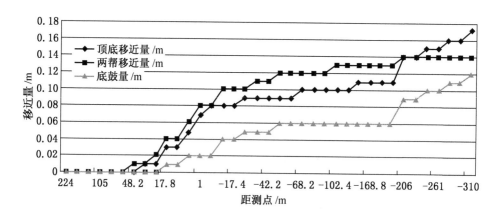

图 6-31　测站 5 巷道表面相对位移图

6.6　本章小结

本章通过对 3-1 煤层 31303 工作面，2-2^{上} 煤层 31201 工作面回风平巷、运输平巷、辅助运输平巷在工作面回采期间巷道变形量（顶底板移近量、两帮移近量）与工作面推进距离的关系进行现场监测，研究分析工作面采动对推进方向前后回采巷道围岩变形的影响范围，从而一方面可反映采动超前支承应力对巷道围岩的影响范围，另一方面从采动后巷道围岩变形情况可推测采场顶板覆岩运动情况：工作面采动后一段时间，后方巷道变形基本趋于一稳定值，可认为工作面后方采空区覆岩运动已经稳定；如采动过后工作面后方巷道围岩变形处于急速变形或缓慢变形，可认为后方采空区覆层正剧烈运动或正在逐渐趋于平稳。确定采动对巷道围岩变形影响的最大距离，可以为确定沿空掘巷超前或滞后工作面距离提供现场实测依据。依据现场实测数据，分析结果如下：

（1）31303工作面运输巷道顶底板与两帮移近量、移近速度较大，巷道宏观变形较显著；随着开采空间的深部延伸，顶底板与两帮移近量、移近速度增加，巷道断面纵向径缩比例大于横向径缩比例，表现为巷道顶底板变形量显著于两帮变形量，巷道变形以顶底板移近为主，其中底鼓是主导因素。

（2）31303辅助运输平巷巷道变形特征比31303运输平巷巷道变形更明显，变形量和移近速度均较大。在经历连续观测后，与工作面之间距离超过近1437 m后巷道变形才趋于一稳定值，认为工作面后方采空区覆岩运动已经稳定，巷道顶底板移近量累计达到700 mm，两帮移近量达到245 mm。因此，沿空巷道掘进工作面距首采工作面之间错距应保持1500 m以上。结合巷道变形实测情况，辅助运输平巷在工作面后方100~500 m，顶底板移近量达700 mm以上。平巷内矿压显现剧烈，表明现有护巷煤柱宽度不能有效保证巷道稳定，因此在开采下一个工作面时，需将上一个面留为回风平巷的辅助运输巷道进行补强加固，对底鼓严重地段进行维护。

（3）31303工作面回风平巷在回采第一阶段两侧均为实体煤，巷道围岩变形量较小。巷道第二阶段一侧为实体煤，另一侧为31301工作面采空区，此时矿压显现发生了明显变化，导致巷道变形量显著增加。31303回风平巷受31301采空区动压影响变形严重，煤柱整体平移，超前压力峰值区域增至30~50 m范围，超前影响范围增至100 m左右，底鼓严重，局部顶板中部破碎、下沉，表明二次采动应力影响下现有煤柱宽度已基本丧失护巷效果。

（4）31201工作面回风平巷的测站1与测站2在工作面开始回采即发生变形，测站3距离工作面106.4 m开始出现变形，测站4与测站5距离工作面分别为29 m和40 m时发生变形。其中测站2的变形量最大，测站3受到的超前影响距离最大，分析其原因为测站2正处于顶板发生断裂位置附近，同样受到顶板断裂、来压的影响，测站3所受的超前影响范围最大。

（5）带式输送机运输平巷与回风平巷相似，测站1与测站2在工作面开始回采即发生变形，测站3距离工作面106.4 m开始出现变形，测站4与测站5距离工作面分别为42 m和40.2 m时发生变形。同样，测站2的变形量最大，测站3受到的超前影响距离最大。对综合31201工作面胶带运输巷和回风平巷监测结果进行分析,确定超前支承压力影响范围在 40~50 m 时,顶底板移近量、底鼓量与两帮移近量变化明显,采动影响剧烈,所以 31201 工作面沿空巷道掘进工作面与接续工作面之间合理错距应在 60 m 以上。

(6) 在工作面推过后继续对 31201 辅助运输巷进行监测,发现受采动影响,辅运顺槽持续变形,且变形量与变形速度均较大。经连续观测后,在工作面推过超过近 730 m 后巷道变形才趋于一稳定值,认为 31201 工作面后方采空区覆岩运动已经稳定,首采工作面和掘进工作面之间合理的错距 730 m 以上。

7　沿空顺采技术关键参数
计算机数值模拟研究

随着计算机技术的快速发展，数值计算方法也得到广泛应用，在许多实际的岩土工程问题中取得良好效果，极大地降低了耗费的人力、物力成本，成为解决实际工程问题的一种重要研究方法。本章以察哈素煤矿 31 采区 31303 工作面及 31201 工作面煤层顶底板实际赋存情况为基础，采用 FLAC3D 数值模拟方法，建立模型，对沿空顺采技术中双巷间大煤柱合理留设尺寸、沿空掘巷位置及窄煤柱尺寸进行分析，为 31 采区后续工作面的开采提供依据。

7.1　FLAC3D 简介

随着计算机技术的发展，基于岩石力学理论和计算方法的数值模拟，在岩土工程中得到广泛应用，也推动了数值计算方法的发展。主要有以下几种方法：有限差分法、有限元法、边界元法、加权余量法、半解析元法、刚体元法、非连续变形分析法、离散元法等。

7.1.1　FLAC3D 原理

三维连续介质快速拉格朗日分析 FLAC3D 主要用于采矿工程和岩土工程，分析开挖后周围岩体的力学响应特性。FLAC3D 由于其独特的运动方程的显示时步求解，实现了对破坏和坍塌的渐进式跟踪，这是采矿工程中的重要现象，因此其在该领域具有巨大挖掘潜力。

拉格朗日快速差分法是一种用于力学计算的显示方法。图 7-1 显示了该方法的计算过程。一个时步为一个循环，首先根据运动方程由力和应力求出新的速度和位移，然后由速度和位移经过推导得出应变率，由此求出新的应力。

如图 7-2、图 7-3 所示，FLAC3D 对于三维问题的分析，以六面体单元为基础建立模型的有限差分网格，每个离散的六面体单元可进一步划分为若干三角形棱锥体（四面体）。模型建立后，运行计算时六面体的应力和应变定义为其内四面体的体积加权平均值。

图 7－1　有限差分计算循环图

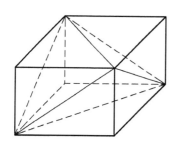

图 7－2　立方体单元

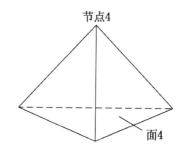

图 7－3　三角棱锥形单元体

根据实际问题以单元和区域构成相应的网格，建立三维模型后，在外加载荷和约束条件已知的条件下，单元将按照线性或非线性的应力应变发生力学响应。尤其适合当材料达到屈服极限后的变形。

FLACD3D 采用拉格朗日快速有限差分法进行计算求解，其以节点为计算对象，力和质量集中在节点上，然后通过运动方程，对节点上的位移和速度在时域内进行求解。通过作用在模型单元体上的应力—应变关系由速度梯度求出应变增量，再由变形速率和节点速率之间的关系，列出差分方程，进行迭代，最终达到模型设定的平衡条件。

7.1.2　摩尔－库仑本构模型

摩尔－库仑模型是描述岩体在剪切失稳时的传统本构模型，其用 σ_1、σ_2 和 σ_3 三个主应力表示模型的三个广义应力矢量，在应力空间的强度准则如

图 7－4 所示。本章选用该本构模型描述 31201、31303 工作面岩土材料的力学响应。

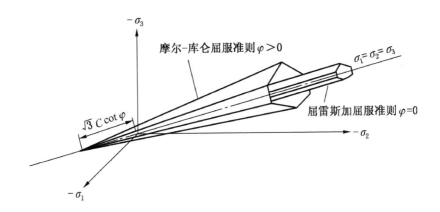

图 7－4　FLACD3D 摩尔－库仑强度准则

1）弹性增量定律

基于广义应力进而应力增量的虎克定律增量表达式如下：

$$\begin{cases} \Delta\sigma_1 = a_1\Delta\xi_1^e + a_2(\Delta\xi_2^e + \Delta\xi_3^e) \\ \Delta\sigma_2 = a_1\Delta\xi_2^e + a_2(\Delta\xi_1^e + \Delta\xi_3^e) \\ \Delta\sigma_3 = a_1\Delta\xi_3^e + a_2(\Delta\xi_1^e + \Delta\xi_2^e) \end{cases} \quad (7-1)$$

其中，a_1、a_2 为两个材料参数，可以用剪切模量 G 和体积模量 K 表示：

$$a_1 = K + \frac{4}{3}G \qquad a_2 = K - \frac{4}{3}G \quad (7-2)$$

已知弹性应变增量 S_i 与应力增量 $\Delta\sigma_i$ 之间的弹性关系式：

$$\Delta\sigma_2 = S_i(\Delta\xi_n^e)i = (1,3) \quad (7-3)$$

其中，S_i 是弹性应变增量的线性函数。结合式（7－2）可得：

$$\begin{cases} S_1(\Delta\xi_1^e,\Delta\xi_2^e,\Delta\xi_3^e) = a_1\xi_1^e + a_2(\Delta\xi_2^e + \Delta\xi_3^e) \\ S_2(\Delta\xi_1^e,\Delta\xi_2^e,\Delta\xi_3^e) = a_1\xi_2^e + a_2(\Delta\xi_1^e + \Delta\xi_3^e) \\ S_1(\Delta\xi_1^e,\Delta\xi_2^e,\Delta\xi_3^e) = a_1\xi_3^e + a_2(\Delta\xi_2^e + \Delta\xi_3^e) \end{cases} \quad (7-4)$$

2）复合失稳准则及流动法则

在摩尔－库仑中使用的失稳准则包括抗拉截距。因此需要确定三个主应力 σ_1、σ_2 和 σ_3 的大小关系，如下：

$$\sigma_1 \leqslant \sigma_2 \leqslant \sigma_3 \tag{7-5}$$

在（σ_1，σ_3）平面内摩尔 – 库仑准则如图 7 – 5 所示，其中压应力为负值。基于摩尔库仑失稳强度 $f_s = 0$ 定义从 A 点到 B 点的表达式如下：

$$f^s = \sigma_1 - \sigma_3 N_\varphi + 2C \sqrt{N_\varphi} \tag{7-6}$$

$$N_\varphi = \frac{(1 + \sin\varphi)}{(1 - \sin\varphi)}$$

式中　φ——内摩擦角；

　　　C——黏结力。

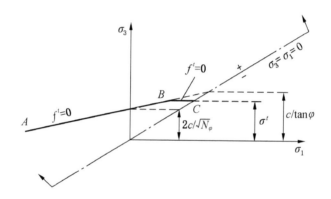

图 7 – 5　摩尔 – 库仑屈服准则

基于拉伸失稳准则 $f^t = 0$ 定于 B 点到 C 点的表达式：

$$f^t = \sigma_3 - \sigma^t \tag{7-7}$$

式中　σ^t——抗拉强度。

由图 7 – 4 可知，材料的抗拉强度不能超过（σ_1，σ_3）平面内直线 $f^s = 0$ 与 $\sigma_1 = \sigma_3$ 焦点对应的 σ_3，故抗拉最大值表达式为

$$\sigma_{min}^t = \frac{C}{\tan\varphi} \tag{7-8}$$

3）参数注解

在 FLAC3D 模型赋参中，主要参数有体积模量 K，剪切模量 G，其和杨氏模量 E、泊松比 μ 的关系如下：

$$K = \frac{E}{3(1 - 2\mu)} \qquad G = \frac{E}{2(1 + 2\mu)} \tag{7-9}$$

7.2 数值模拟内容及模型建立

7.2.1 数值模拟的内容

本书第3、4、5、6章中，介绍了超长推进距离工作面双巷布置沿空顺采技术方案的设计，并对其方案设计中关键参数采用理论分析、现场实测的方法进行研究，在本章中，应用FLAC3D数值模拟软件对理论计算、现场实测的确定的相关参数进行模拟，进一步验证其准确性。主要分为以下内容：

（1）双巷掘进煤柱的合理留设尺寸：模拟工作面回采面推进时，采空区侧向实体煤内的应力分布情况；不同煤柱留设尺寸条件下，煤柱内应力分布情况和塑性区的发展规律。

（2）沿空掘巷合理位置及窄煤柱尺寸的模拟：基于双巷间合理煤柱尺寸，对留设不同宽度窄煤柱条件下煤柱内的应力分布、窄煤柱水平位移、巷道间围岩变形情况来进一步确定合理的窄煤柱尺寸。

7.2.2 模型的建立

结合察哈素煤矿31采区31201工作面和31303工作面工程实际地质条件及回采条件建立模型，考虑到模型过大将会影响计算机计算速度，模型只模拟煤层附近120 m左右范围内的岩体。模型上部岩体的自重，将在模型上面施加载荷模拟，同时，在不影响计算结果的前提下简化模型工作面长度，工作面推进长度为100 m。模型底边界约束垂直位移，四周边界约束水平位移，上部边界无约束。

如图7-6为313201工作面数值模型示意图，工作面埋深350 m，整个模型的尺寸为：390 m(x)×200 m(y)×120 m(z)，计算模型共划分有575640个单元、620992个节点。x轴方向为工作面方向，y轴沿巷道方向，z轴为重力方向。

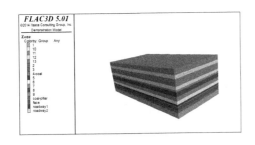

图7-6 数值模型示意图

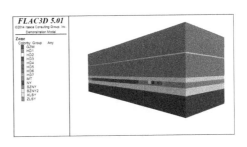

图7-7 数值模型示意图

如图 7 - 7 为 31303 工作面模型数值模型示意图，结合察哈素煤矿 31 采区 31303 工作面顶底板覆岩类型及力学特性，与回采巷道布置情况，建立模型。模型中 31303 工作面长 300 m，两边留设 50 m 边界煤柱，由于煤层埋深为 440 m。由于模型过大将会影响计算机计算速度，本模型只模拟工作面附近顶底板 120 m 左右范围内的岩体，模型上边界载荷以 350 m 计算，工作面推进方向为 210 m。整个模型的尺寸（长×宽×高）为：400×210×121。

7.2.3 各岩石力学参数及模型边界设定

本次数值模拟判断岩体破坏准则为摩尔 - 库仑（Mohr - Coulomb）屈服准则。

$$f_x = \sigma_1 - \sigma_3 \frac{1 + \sin\varphi}{1 - \sin\varphi} - 2C \sqrt{\frac{1 + \sin\varphi}{1 - \sin\varphi}} \qquad (7-10)$$

其中：σ_1、σ_3 分别为最大主应力最小，C、φ 分别为黏结力和摩擦角。当 $f_x > 0$ 时，模拟材料将发生破坏。在通常情况下，岩体抗拉强度很低，因此可根据抗拉强度准则（$\sigma_1 \geqslant \sigma_3$）作为判断岩体是否产生拉破坏的标准。

在工作面回采过程中，基本顶的初次来压、周期来压的步距和强度是工作面推进过程中的两个非常重要的参数。然而，FLAC3D 软件是一个静力学计算软件，虽然不能直接模拟顶板破坏、运移和垮落整个动态过程，但是我们可以通过判别顶板单元破坏的类别和范围来判断顶板的垮落情况。FLAC3D 软件中单元破坏有两种基本形式：剪切破坏和拉伸破坏。本次模拟参考以往研究认为：如果顶板单元出现成片拉伸破坏区域，则顶板则发生垮落；如果顶板只出现成片剪切破坏区域，顶板则不会发生垮落。

为了较合理地研究和模拟回采巷道围岩受力和破坏情况，在对模型中各层岩层赋值时，结合实际地质钻探资料，并参考有关岩石力学资料，同时为了计算方便，因此对岩层参数进行相应的调整。31201 工作面及 31301 工作面岩层力学参数详见表 7 - 1、表 7 - 2。

表 7-1　31201 工作面模型各岩层的物理力学参数

指标岩层	体积模量/GPa	切变模量/GPa	视密度/（kg·m⁻³）	内摩擦角/（°）	内聚力/MPa	抗拉强度/MPa
粗粒砂岩	6.23	2.88	2574	41	7.09	3.24
细粒砂岩	4.81	2.73	2656	36.8	2.25	2.56

表7-1（续）

指标岩层	体积模量/GPa	切变模量/GPa	视密度/(kg·m⁻³)	内摩擦角/(°)	内聚力/MPa	抗拉强度/MPa
粉砂岩	3.76	2.13	2230	35.3	2.12	2.23
泥岩	2.20	1.21	1350	46.2	2.34	0.47
2-2^{上}煤层	1.3	0.9	1350	28	2.42	1.15
中粒砂岩	5.11	2.69	2266	35.7	2.46	2.48
砂质泥岩	3.45	3.13	1230	34.8	2.72	0.76

表7-2　31303工作面模型各岩层的物理力学参数

指标岩层	体积模量/GPa	切变模量/GPa	视密度/(kg·m⁻³)	内摩擦角/(°)	内聚力/MPa	抗拉强度/MPa
粗粒砂岩	4.2	2.9	2560	34	5	1.5
中粒砂岩	3.47	2.08	2721	37.6	5.2	2.81
细粒砂岩	4.01	2.7	2320	45	2.05	2.17
3-1煤	1.3	0.5	1470	30	2.5	0.915
泥岩	4.3	2.8	2437	30	2.7	1.8
砂质泥岩	2.61	1.35	2500	30	7.6	3

7.3　31201 工作面数值模拟处理与分析

7.3.1　双巷布置大煤柱留设尺寸模拟分析

当回采工作面回采以后，在采空区侧向实体煤内出现较为明显的应力集中现象。以下为模拟工作面推进100 m位置时，采空区侧向实体煤内的应力分布云图及变化曲线图。

由图7-8可以看到，随着工作面的推进，实体煤内垂直应力重新分布，存在应力集中现象。图7-9为一侧采空实体煤侧支承压力分布曲线图，由图7-9可知，在0~12 m范围内支承应力逐渐升高，支承应力峰值在12 m处，在实体煤内距离采空区2 m位置处的应力值为6.38 MPa，基本等于原岩应力值。距采空区12 m位置处的应力达到峰值为15.6 MPa，随后应力均匀缓慢下降，在煤体内距采空区边界为60 m的位置处，应力值降低为7.6 MPa。

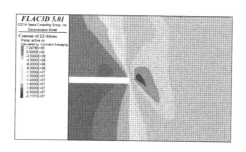

图 7-8　推进 100 m 时采空区侧向应力分布云图

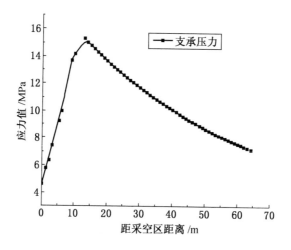

图 7-9　一侧采空实体煤侧支承压力分布曲线

　　察哈素煤矿 2-2^上 首采面留设煤柱宽度 25 m，接续面留设煤柱 43 m，理论计算确定合理煤柱应大于 27 m，因此围绕三个宽度建立相应的模拟方案。设计 6 种煤柱方案，分别为 20 m、25 m（首采面煤柱留设尺寸）、30 m、35 m、40 m、45 m（接续面煤柱留设尺寸）煤柱，以研究不同大煤柱留设尺寸情况下的塑性区的破坏规律。

　　大煤柱塑性区与煤柱宽度的关系如图 7-10 所示。

　　从六种方案的塑性区分布图可以看出，随着煤柱尺寸的增加，煤柱内及巷道顶底板的破坏程度在逐渐减少。在留设 20 m 煤柱时，受到上一工作面一次采动

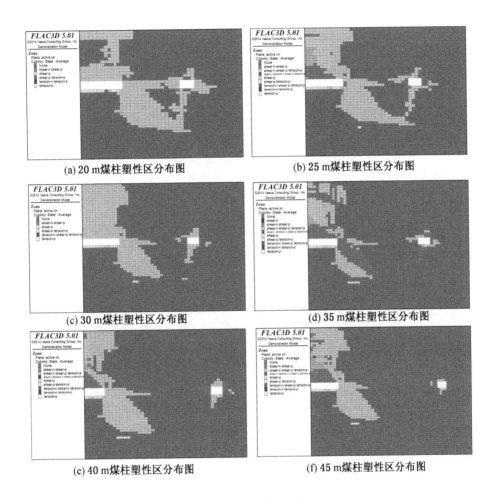

(a) 20 m煤柱塑性区分布图   (b) 25 m煤柱塑性区分布图

(c) 30 m煤柱塑性区分布图   (d) 35 m煤柱塑性区分布图

(e) 40 m煤柱塑性区分布图   (f) 45 m煤柱塑性区分布图

图 7-10   不同煤柱宽度时塑性区分布图

影响，煤柱全部处于塑性破坏状态，内部无弹性区，同时巷道顶底板破坏严重，顶底板均有较大区域出现拉伸破坏，表明巷道顶板发生较大面积冒落；留设 25 m 煤柱时，煤柱内部存在不到一巷高度的弹性核，不满足煤柱稳定时要求存在至少两倍采高弹性核的条件，巷道顶底板及侧帮破坏严重，因此 25 m 煤柱尺寸不能够满足工作面要求；留设 30 m 煤柱时，煤柱内部存在超过 7 m 弹性核，没有完全发生剪切破坏，因此 30 m 煤柱在采动影响后能够稳定，且巷道围岩破坏程度较留设 20 m、25 m 煤柱时明显降低，巷道顶板无拉伸破坏，顶板不会垮落，巷道维护比较容易，煤柱尺寸能够满足工作面的要求；留设 35 m 和 40 m 煤柱时，煤柱弹性核宽度进一步扩大，巷道围岩破坏程度较留设 30 m 煤柱没有明显减小；当留设 45 m 煤柱时，可以发现巷道顶底板及巷道实体煤帮破坏程度明显减小，巷道基本不受一次采动影响。

综合上述得到，察哈素 2 - 2^{上} 煤层首采面留设 25 m 煤柱过小，煤柱宽度至少应达到 30 m，才能保证煤柱受一次采动影响后保持稳定。煤柱宽度为 45 m（接续面煤柱留设尺寸）时，巷道围岩受一次采动影响较小，但考虑到接续工作面高强度作业及巷道顶底板地质条件，预测巷道受二次采动影响，巷道维护依然困难。因此确定 2 - 2^{上} 煤层超长推进沿空顺采技术双巷布置留设煤柱宽度为 30 m 即可满足工作面要求。

7.3.2 沿空掘巷位置及窄煤柱尺寸模拟分析

由图 7 - 9 可知，煤柱在 0 ~ 2 m 为破碎区，大约 2 ~ 12 m 为塑性区，沿空掘巷应布置在塑性区内的低应力区，因此窄煤柱宽度在 3 ~ 8 m，结合理论计算结果，确定最佳窄煤柱宽度为 4.922 ~ 6.206 m。所以设计 6 种方案，分别对 3 m、4 m、5 m、6 m、7 m、8 m 宽度的窄煤柱进行数值模拟。主要通过分析比较不同窄煤柱宽度的垂直应力分布、水平位移以及巷道围岩变形，分析其稳定性，选取煤柱尺寸较小、采场围岩应力分布无相对集中且巷道和煤柱围岩相对变形量较小的方案，从而确定合理窄煤柱留设宽度。

1. 不同宽度窄煤柱垂直应力分布特征

通过 FLAC3D5.01 模拟得到沿空掘巷留设不同宽度窄煤柱时，围岩的垂直应力分布云图。然后通过 TECPLOT 后处理软件对应力云图进行数据提取，得到沿空掘巷不同煤柱宽度下围岩垂直应力等值线图，如图 7 - 11 所示。进一步分析不同窄煤柱宽度对沿空掘巷围岩稳定的影响，得到不同煤柱宽度对应的煤柱内垂直应力分布如图 7 - 12 所示，煤柱内应力峰值与沿空掘巷煤柱宽度关系如图 7 - 13 所示。

由图 7 - 11 ~ 图 7 - 13 可知，六种方案下沿空巷道顶底板垂直应力均较小，且无应力集中，巷道实体煤侧存在应力集中，但应力分布变化不大，而沿空巷道窄煤柱内垂直应力分布受宽度影响较大，具体垂直应力分布规律如下：

（1）煤柱宽度从 3 m 增至 8 m，煤柱内峰值应力及极限承载区逐渐增大。六种方案煤柱内峰值应力均大于原岩应力，因此煤柱内均存在一定区域的极限承载区。

（2）煤柱宽度为 3 ~ 5 m 时，煤柱内垂直峰值应力增长速率较大，3 m 煤柱

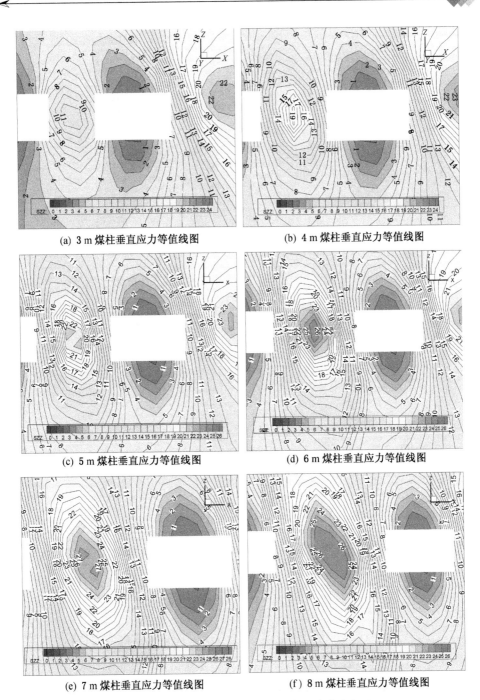

(a) 3 m 煤柱垂直应力等值线图　　　　(b) 4 m 煤柱垂直应力等值线图

(c) 5 m 煤柱垂直应力等值线图　　　　(d) 6 m 煤柱垂直应力等值线图

(e) 7 m 煤柱垂直应力等值线图　　　　(f) 8 m 煤柱垂直应力等值线图

图 7-11　不同煤柱宽度时围岩垂直应力等值线图

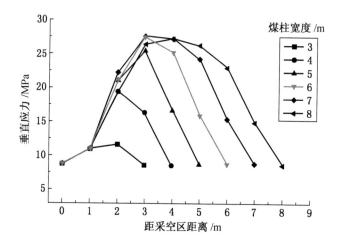

图 7-12 沿空掘巷留设不同煤柱时的垂直应力分布

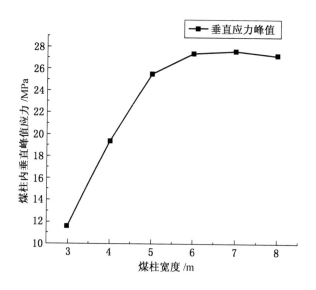

图 7-13 不同煤柱宽度与煤柱应力峰值的关系

峰值应力 11.6 MPa, 4 m 为 19.4 MPa, 5 m 为 25.5 MPa, 增幅分别为 7.8 MPa 和 6.1 MPa, 3 m 煤柱极限承载区约为 2 m, 极限承载区所占比例较大, 但峰值应力较小, 5 m 煤柱极限承载区约为 3.5 m, 煤柱铅垂应力和极限承载区宽度都相对较大, 可见煤柱宽度为 5 m 时煤柱承载能力较强, 但煤柱极限承载区靠近巷道侧，因而窄煤柱内发生塑性破坏区域较大；煤柱宽度为 6~8 m 时，煤柱内峰值应力变化趋于缓和，6 m 宽度煤柱峰值应力为 27.4 MPa，较 5 m 煤柱峰值应力增幅为 1.9 MPa，增长速率明显变小，7 m、8 m 煤柱应力峰值分别为 27.6 MPa 和 27.2 MPa，因此煤柱宽度在达到 6 m 后，煤柱内应力变化不大，平均应力峰值最大约为 27.4 MPa，但随着煤柱宽度增加，极限承载区所占比例越大，其位置基本分布在煤柱中部。

综合上述得到，煤柱宽度为 5~6 m 时，煤柱内垂直峰值应力及极限承载区均较大，煤柱宽度 6 m 时煤柱内垂直峰值应力最大，超过 6 m 宽度，则垂直峰值应力基本不变。因此 5~6 m 是最佳煤柱留设宽度，煤柱宽度较大时，煤柱破坏区所占比例较小，在支护力作用下煤柱整体性较好，煤柱中间处于三向受压状态，提高了煤柱强度，所以确定 $2-2^{上}$ 煤层沿空巷道窄煤柱留设宽度为 6 m。

2. 不同宽度窄煤柱水平位移与分析

图 7-14 中描述了不同窄煤柱宽度在采动影响稳定后，向采空区侧和向巷道侧的水平位移变化情况等值线图。由等值线图分析可知，煤柱宽度不同，窄煤柱向两侧水平位移变化情况也表现出明显差异。分别取不同煤柱宽度向采空区侧和巷道侧水平位移峰值，并分析位移峰值和煤柱宽度的关系，如图 7-14 所示，由分析可知：沿空掘巷引起煤柱向采空区侧和巷道内位移与煤柱宽度有关，且掘巷所引起煤柱向采空区侧位移普遍小于向巷道内的位移，并且随着煤柱宽度增大向巷内位移增大，而向采空区侧位移逐渐减小。

从图 7-15 中可以看出随着窄煤柱宽度的增加，窄煤柱向巷道内侧的位移峰值持续降低，曲线基本呈线性关系。3 m 时向巷道内侧水平位移峰值 245.88 mm，8 m 时位移峰值 171.81 mm，位移量减少了 74.07 mm，效果明显；而窄煤柱向采空区侧的位移值先增加后减小，3 m 时向采空区侧位移峰值为 58.9 mm，4 m 时位移峰值增加至 64.36 mm，煤柱宽度由 5 m 增至 8 m 的过程中，向采空区侧位移逐渐下降，5 m 时向采空区移动的峰值为 53.41 mm，8 m 时位移峰值为 16.22 mm，位移量减少了 37.19 mm，下降幅度较大。因此，从图 7-14 可知，煤柱宽度为 3 m、4 m 时，煤柱整体最大水平位移较大，而煤柱宽度 5~8 m 时最大水平位移明显降低。

综合上述分析，确定窄煤柱留设 5~8 m 时，有利于窄煤柱保持稳定和沿空巷道维护。

3. 不同宽度窄煤柱沿空巷道围岩变形分析与比较

巷道围岩变形主要是针对沿空巷道顶底板及两帮的移动变形情况，并分析其与窄煤柱宽度的关系，得到如图 7-16 所示的曲线。

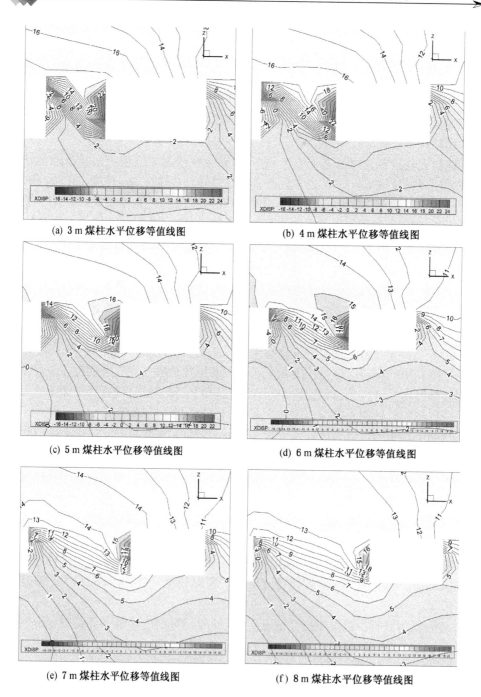

(a) 3 m 煤柱水平位移等值线图　　　　　(b) 4 m 煤柱水平位移等值线图

(c) 5 m 煤柱水平位移等值线图　　　　　(d) 6 m 煤柱水平位移等值线图

(e) 7 m 煤柱水平位移等值线图　　　　　(f) 8 m 煤柱水平位移等值线图

图 7-14　不同窄煤柱宽度水平位移

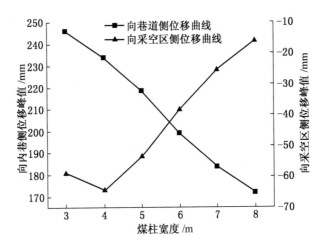

图 7 - 15 不同煤柱宽度两侧水平位移曲线

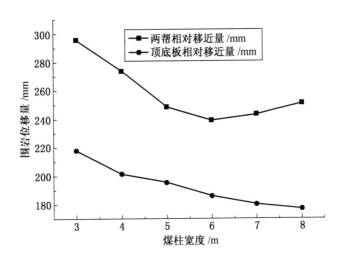

图 7 - 16 巷道围岩位移变化量

图 7 - 16 为巷道周围岩体变形量随煤柱宽度的变化情况。从图中可以看出，巷道两帮相对位移量均大于巷道顶底板相对移近量，这是由于沿空巷道开挖后在煤柱两帮产生较大的集中应力，且巷道窄煤柱帮受采动影响，位移量远大于实体煤帮。3 ~ 8 m 时，顶底板相对移近量随着煤柱宽度增加逐渐降低，但变化幅度较小。3 m 时巷道顶底板相对移近量最大为 218.7 mm；6 m 时顶底板相对移近量

为 187.3 mm，降低了 31.4 mm；6～8 m 降低了 11 mm，幅度变缓。3～8 m 时，两帮相对移近量随煤柱宽度的增加先急剧降低，后逐渐平缓增加，3 m 时两帮相对移近量为 296.54 mm；5 m 时为 249 mm，降低 47.54 mm，降幅 16%；6 m 时两帮相对移近量最小为 239 mm，降低 10 mm，降幅 4%；6～8 m 时两帮相对移近量缓慢增加。由上述综合分析围岩位移量，可知当煤柱宽度为 6 m 时相对其他煤柱宽度时围岩位移量较小，选取窄煤柱宽度为 6 m。

综合窄煤柱宽度设计原则、理论计算和数值分析，窄煤柱宽度为 3～4 m 时，煤柱内应力集中，受采动影响严重，沿空巷道围岩变形大，不利于巷道维护。煤柱宽度 5～8 m 时，巷道变形量及煤柱内应力集中明显降低，6 m 时效果最好，因此选择沿空掘巷合理窄煤柱宽度为 6 m。

7.4　31303 工作面数值模拟处理及分析

7.4.1　双巷布置大煤柱留设尺寸模拟分析

工作面推进过程中，由于采动影响，工作面两侧实体煤内应力发生重新分布，当工作面推过后，在采空区侧实体煤内形成新的应力分布状态。以下为模拟工作面推进 100 m 位置时，采空区侧向实体煤内的垂直应力分布云图及曲线图。

图 7－17 为工作面推进 100 m 时采空区侧向垂直应力分布云图，图 7－18 所示为此时采空区侧向实体煤内支承应力分布曲线。由图 7－17、图 7－18 可知，工作面采动过后采空区侧实体煤内出现明显的应力集中，距采空区实体煤边缘 1 m 处应力值为 4.71 MPa，在 24 m 位置处达到支承应力峰值为 20.86 MPa，随着距离采空区侧向煤体边缘距离的增大，应力由峰值逐渐降低，当距采空区实体煤边缘 80 m 处，应力值降低为 11.8 MPa。

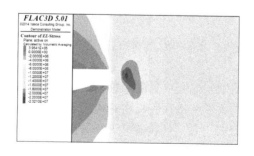

图 7-17　推进 100 m 时采空区侧向应力分布云图

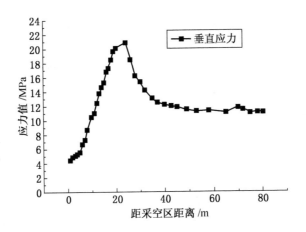

图7-18　一侧采空实体煤侧支承应力分布曲线

　　为了确定合理的巷间煤柱尺寸，结合察哈素煤矿31303工作面生产状况，在给定的地质条件下，分别分析了6种煤柱留设方案对煤柱稳定性的影响，具体为30 m（原煤柱留设尺寸）、35 m、40 m、45 m、50 m、55 m煤柱，以研究不同大煤柱留设尺寸情况下塑性区破坏规律与垂直应力分布规律。

　　1）大煤柱塑性区分布与煤柱宽度的关系

　　图7-19为不同尺寸大煤柱一次采动影响后，塑性区分布图。由图可知，宽度为30～35 m的煤柱受采动影响后，煤柱破碎较严重，煤柱大范围处于塑性破坏状态，仅中部存在较小的弹性区；煤柱结构受到严重破坏，承载能力下降，自稳能力差，辅助运输巷受采动影响显著，巷道维护困难；煤柱宽度为40 m时，在采动结束后，煤柱中部弹性核较30 m、35 m煤柱时中部弹性区稍有增大，但辅助运输巷仍受采动影响仍较明显；煤柱宽度为45～50 m时，弹性核宽度进一步增大，煤柱中部存在宽度为12～20 m的弹性核，辅助运输巷围岩破坏较小。随着煤柱宽度增大，辅助运输巷实体煤一侧塑性区域逐渐减小，当煤柱尺寸大于50 m时，基本采动影响较小。

　　2）大煤柱内垂直应力分布与煤柱宽度的关系

　　由图7-20可知大煤柱内的垂直应力峰值随着大煤柱宽度增加而逐渐减小，当煤柱宽度为30 m时，31303辅助运输巷两侧应力集中区域较大，受采动影响明显；当煤柱宽度由30 m增至45 m时，31303辅助运输巷两侧垂直应力峰值区逐渐减小；当煤柱宽度为45 m时，31303辅助运输巷两侧垂直应力峰值较小趋

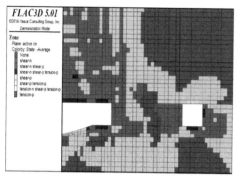

(a) 30 m 煤柱塑性区分布图

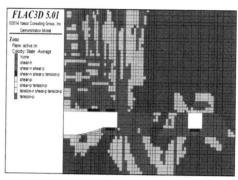

(b) 35 m 煤柱塑性区分布图

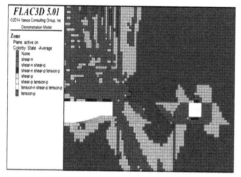

(c) 40 m 煤柱塑性区分布图

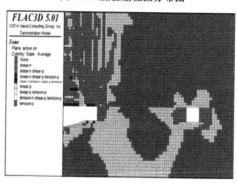

(d) 45 m 煤柱塑性区分布图

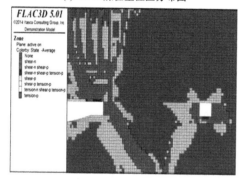

(e) 50 m 煤柱塑性区分布图

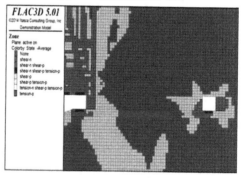

(f) 55 m 煤柱塑性区分布图

图 7-19　不同煤柱宽度塑性区分布图

近于原岩应力，围岩普遍处于由掘进引起的应力改变状态，基本不受采动影响；当煤柱由 45 m 增至 50 m 时，煤柱宽度的变化对 31303 辅助运输巷巷道两侧垂直应力分布影响较小。

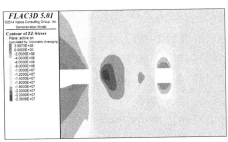

(a) 30 m 煤柱垂直应力云图分布图

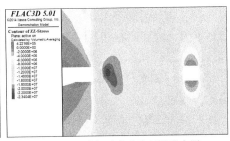

(b) 35 m 煤柱垂直应力云图分布图

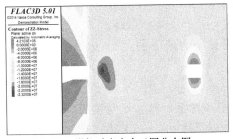

(c) 40 m 煤柱垂直应力云图分布图

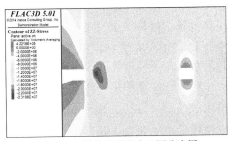

(d) 45 m 煤柱垂直应力云图分布图

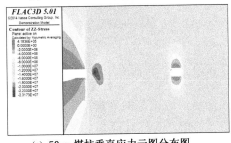

(e) 50 m 煤柱垂直应力云图分布图

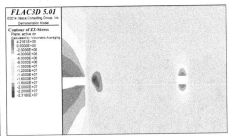

(f) 55 m 煤柱垂直应力云图分布图

图 7 – 20　不同煤柱宽度垂直应力分布图

　　通过上述数值模拟，可以确定巷间煤柱的优化尺寸为 40~55 m 之间。从提高煤炭采出率和维护巷道的稳定性的角度考虑，确定大煤柱的优化尺寸为 45 m。

7.4.2　沿空掘巷位置及窄煤柱尺寸模拟分析

　　由图 7 – 17、图 7 – 18 可知，工作面充分采动后，在采空区侧向煤柱内形成的支承压力峰值距侧向煤体边缘为 24 m，大小约为 20.86 MPa。根据沿空掘巷窄煤柱留设原则，窄煤柱应布置在侧向支承压力的低应力区，故沿空巷道宜沿着采空区侧向煤体的破碎区布置在塑性区中。此处应力较低，煤体相对完整。

由第4章理论分析可知，理论计算窄煤柱合理留设宽度为13.57～17.11 m，故数值模拟分析窄煤柱尺寸时，将窄煤柱宽度分别设为12 m、13 m、14 m、15 m、16 m、17 m，通过模拟分析45 m大煤柱内沿空掘巷窄煤柱内应力分布规律、窄煤柱两侧水平位移、巷道围岩变形量与窄煤柱宽度的关系，来进一步确定合理的窄煤柱留设尺寸。

1）不同窄煤柱宽度下巷道围岩垂直应力分布比较与分析

FLAC3D模拟得到不同窄煤柱宽度围岩的垂直应力分布云图和窄煤柱水平位移云图，利用后处理软件TECPLOT得到对应的围岩垂直应力等直线图和窄煤柱水平位移等值线图。如图7-21、图7-24所示。并提取煤柱内应力值绘制不同窄煤柱宽度应力分布曲线图、不同窄煤柱应力峰值曲线图。如图7-21、图7-23所示。

由图7-21不同宽度窄煤柱围岩应力分布等值线图可知，留设3～8 m窄煤柱沿空掘巷时，沿空巷道顶底板垂直应力普遍降低，基本无明显的应力集中，实体煤侧存在应力集中，但受窄煤柱宽度影响差异较小，而不同宽度窄煤柱内垂直应力分布则截然不同。随着窄煤柱宽度的增加，窄煤柱内支承应力峰值逐渐增加。

由图7-21至图7-23分析可知：大煤柱内留设不同宽度窄煤柱沿空掘巷时，窄煤柱内应力分布有以下特点：

（1）煤柱内垂直应力变化规律受煤柱宽度影响明显。煤柱宽度由12 m增大到17 m时，窄煤柱内垂直应力分布峰值或近峰值区域范围逐渐增大。煤柱宽度为12～14 m时，煤柱应力峰值区（以应力峰值的0.8倍计算）相对煤柱宽度较大，但是应力峰值比较小，煤柱内应力峰值基本上小于12 MPa；煤柱宽度为14～17 m时，垂直应力近似由三角形分布向梯形分布逐渐发展，煤柱应力峰值区相对煤柱宽度较大，峰值应力普遍大于原岩应力值，且应力峰值区距巷道较近，因而窄煤柱内发生塑性破坏区域较大。

（2）不同宽度煤柱垂直应力峰值变化规律。窄煤柱内垂直应力峰值随着煤柱宽度的增加，呈线性增长。其增长趋势逐渐加快，分析其原因为逐渐靠近侧向支承压力的峰值区域。其增长趋势可大致分为以下两个阶段：①12～14 m阶段，当煤柱宽度由12 m逐步增大到14 m时，由8.3 MPa增加到12.4 MPa，增幅为4.1 MPa，增幅较小，煤柱内垂直应力峰值增长速率较低；②14～17 m阶段，煤柱14 m时的峰值应力为12.4 MPa，6 m时峰值应力为18.5 MPa，增幅为6.1 MPa，斜率较12～14 m较大，16 m时峰值应力为22.26 MPa，17 m时峰值应

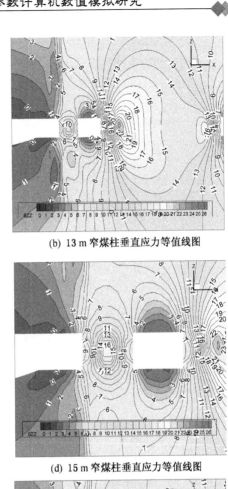

(a) 12 m 窄煤柱垂直应力等值线图

(b) 13 m 窄煤柱垂直应力等值线图

(c) 14 m 窄煤柱垂直应力等值线图

(d) 15 m 窄煤柱垂直应力等值线图

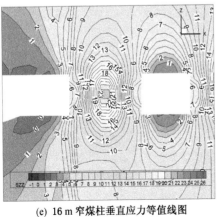

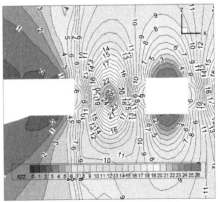

(e) 16 m 窄煤柱垂直应力等值线图

(f) 17 m 窄煤柱垂直应力等值线图

图 7-21　不同宽度窄煤柱围岩垂直应力分布等值线图

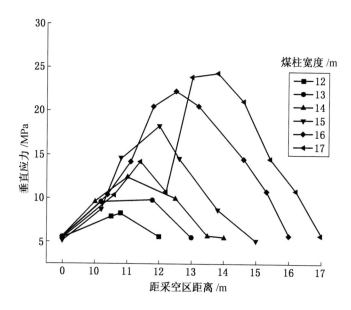

图 7 - 22　不同宽度窄煤柱内垂直应力分布曲线图

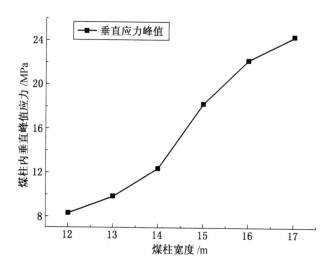

图 7 - 23　不同宽度窄煤柱内应力峰值曲线图

力 24.3 MPa，增幅 2.05 MPa，增幅放缓，但峰值应力都较大。

综合上述分析，当煤柱宽度小于 14 m 时，煤柱内应力普遍低于原岩应力，表明煤柱已发生塑性破坏，煤柱处于侧向支承应力的低应力区，而当煤柱宽度大于 14 m 时，煤柱应力峰值迅速增加，且普遍大于原岩应力，峰值区域较大，故从应力场考虑选择窄煤柱合理留设宽度为 14 m。

2）不同窄煤柱宽度下窄煤柱水平位移分析与比较

由不同窄煤柱宽度水平位移等值线图 7－24 可知，不同宽度窄煤柱在采动影响稳定后，向采空区侧和巷道侧位移显著不同。如图 7－25 所示，分别取不同煤柱宽度向采空区侧和巷道侧水平位移的峰值，并分析位移峰值和煤柱宽度的关系，由图 7－24 可知：沿空掘巷引起煤柱向采空区侧和巷道内位移与煤柱宽度有关，且掘巷所引起煤柱向采空区侧位移普遍小于向巷道内的位移，并且随着煤柱宽度增大向巷内位移增大，向采空区侧位移逐渐减小。

从图 7－25 中还可以看出随着窄煤柱宽度的增加，窄煤柱向采空区移动的位移峰值先增大后减少，煤柱宽度由 12 m 增至 14 m 过程中，窄煤柱向采空区侧位移呈线性增加的趋势，增幅较大。12 m 时位移峰值为 93.67 mm，14 m 时位移峰值为 105.68 mm 增幅达到 12%。煤柱宽度由 14 m 增至 17 m 过程中，向采空区侧位移逐渐下降，17 m 时向采空区移动的峰值 81.97 mm，下降幅度较大。煤柱宽度由 12 m 增至 14 m 过程中，窄煤柱向巷道侧的位移增幅较大，12 m 时位移峰值为 105.28 mm，14 m 时位移峰值为 141.06 mm，增幅达到 25%。当煤柱宽度由 14 m 至 17 m 时，窄煤柱向巷道侧的位移变化不明显，呈现缓慢增加向平稳过渡的趋势。14 m 时位移峰值为 142.35 mm，15 m 时位移峰值为 156.72 mm，受煤柱宽度影响较小。分析图 7－14 和图 7－15 可以看出，窄煤柱向巷道侧的位移均要大于向采空区侧的位移。

综上水平位移情况分析，为了保证巷道的正常使用，考虑煤柱留设 14～17 m 时比较符合情况。

3）不同宽度窄煤柱沿空巷道围岩变形分析与比较

巷道围岩变形主要是针对沿空巷道顶底板及两帮的移动变形情况，并分析其与窄煤柱宽度的关系，得到如图 7－26 所示的曲线。

图 7－26 为巷道周围岩体变形量随煤柱宽度的变化情况，从图中可以看出，巷道两帮相对位移量普遍大于巷道顶底板相对移近量，且煤柱宽度的变化对围岩位移变化明显，12～17 m 时，顶底板相对移近量随着煤柱宽度增加，呈现先减小后逐渐增加的趋势，但变化幅度较小。14 m 时巷道顶底板相对移近量达到最小为 150.65 mm，5～8 m 时，顶底板相对移近量缓慢增加，17 m 时达到最大为 172.37 mm。12～17 m 时两帮相对移近量随着煤柱宽度的增加逐渐上升后逐渐趋于平缓，12 m 时两帮相对移近量为 151.08 mm，17 m 时两帮相对移近量为 180.18 mm。由上述综合分析围岩位移量，可知当煤柱宽度为 14～15 m 时相对其

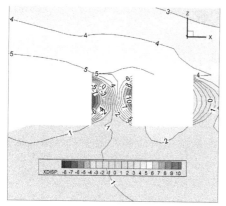

(a) 12 m 窄煤柱水平位移等值线图

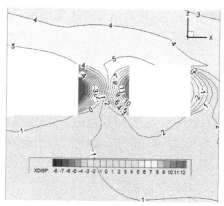

(b) 13 m 窄煤柱水平位移等值线图

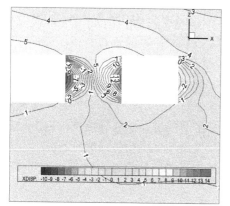

(c) 14 m 窄煤柱水平位移等值线图

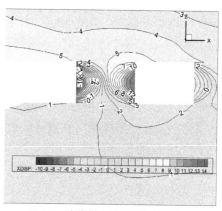

(d) 15 m 窄煤柱水平位移等值线图

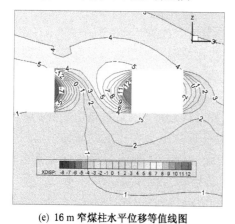

(e) 16 m 窄煤柱水平位移等值线图

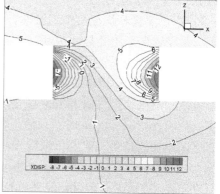

(f) 17 m 窄煤柱水平位移等值线图

图 7-24　不同窄煤柱宽度水平位移等值线图

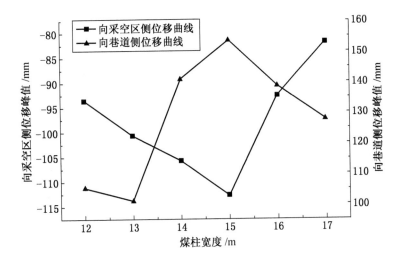

图7-25　不同窄煤柱宽度两侧水平位移曲线

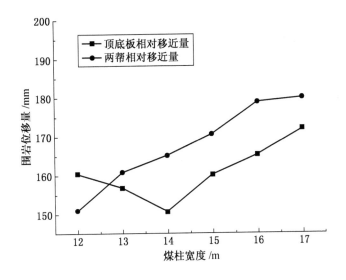

图7-26　巷道围岩位移变化量

他煤柱宽度时围岩位移量较小，选取窄煤柱宽度为14～15 m。

　　综合窄煤柱宽度设计原则、理论计算和数值分析，窄煤柱宽度为14～15 m时，煤柱内应力集中较低，巷道围岩变形量也较小，同时本着最小煤炭损失原则，选择沿空掘巷合理窄煤柱宽度为14 m。

7.5 本章小结

本章采用 FLAC3D 数值模拟软件对察哈素 2 – 2$^\text{上}$ 煤层 31201、3 – 1 煤层 31303 工作面建立模型。首先模拟分析了察哈素煤矿 2 – 2$^\text{上}$ 中厚煤层及 3 – 1 厚煤层工作面一侧采空后侧向支承应力分布规律，然后主要分别对两工作面双巷掘进大煤柱宽度及沿空顺采窄煤柱宽度留设进行数值模拟，得到如下结论：

（1）模拟分析了 31201 工作面回采后，采空区侧向实体煤内支承应力分布，结果表明支承应力峰值在 12 m 附近处。31201 工作面回采 100 m 后双巷间大煤柱的塑性区应力分布结果显示，留设 30 m 煤柱时，煤柱内存在 2 倍采高的弹性核，能够实现煤柱的稳定，可使工作面辅助运输巷避免初次采动的剧烈影响，且巷道维护简单。

（2）模拟分析了沿空掘巷后窄煤柱和回采巷道的应力分布及位移变化，通过 TECPLOT 处理模拟结果，得到窄煤柱水平位移云图和垂直应力等值线图，并提取沿空掘巷围岩位移量，分析各尺寸窄煤柱护巷作用的效果。数值模拟结果表明，窄煤柱宽度不应小于 5 m，留设 5 ~ 8 m 煤柱时，窄煤柱内应力集中及巷道围岩变形较小，综合考虑前述理论计算部分，沿空掘巷窄煤柱留设宽度为 6 m 既能满足维持巷道围岩稳定性，也符合经济技术方面的要求。

（3）对 31303 大采高工作面进行建模，模拟分析了工作面回采后采空区侧向实体煤内应力分布，及回采时双巷间大煤柱的垂直应力分布和塑性区分布；通过对模拟结果进行分析，表明留设 45 m 煤柱时，煤柱中部存在较大弹性核，可起到较好的护巷作用，避免工作面辅助运输巷受到剧烈采动影响，确定双巷间护巷煤柱尺寸为 45 m。

（4）模拟分析了 45 m 大煤柱内留设 12 ~ 17 m 窄煤柱沿空掘巷时，不同宽度窄煤柱内垂直应力分布、窄煤柱水平位移量、巷道围岩变形量等。采用 TEC-PLOT 后处理软件对模拟结果进行处理，依据处理模拟结果，分析了各尺寸窄煤柱护巷作用效果。综合对比模拟不同窄煤柱宽度护巷效果，结果表明留设 14 m 窄煤柱沿空掘巷，即有利于控制巷道围岩变形量，同时也处于较低的应力状态，也符合经济技术要求，结合前述理论计算窄煤柱合理留设宽度，最终确定沿空掘巷窄煤柱留设宽度为 14 m。

8 底鼓治理及支护参数的优化

受掘进或回采影响，使巷道顶底板和两帮岩体产生变形并向巷道内位移，巷道底板向上隆起的现象称为底鼓。底板不支护时，察哈素煤矿辅助运输巷道中顶底板移近量约有 2/3 ~ 3/4 是由底鼓造成的。因此为了有效控制辅助运输巷受一次采动影响围岩发生剧烈变形，保证其兼作接续工作面回风巷的正常使用，本章以 31303 工作面辅助运输巷为样本，研究其巷道底鼓机理及其防治技术，为察哈素煤矿巷道支护提供依据。

8.1 辅助运输平巷底鼓观测

工作面平巷底鼓现象严重，尤其以辅助运输巷道情况最甚。以 31303 工作面辅助运输巷道为研究样本。

8.1.1 平巷底板组成

3 - 1 煤层顶底板情况详见表 8 - 1 和图 8 - 1 ~ 图 8 - 2。

表 8 - 1 煤层顶底板情况表

顶、底板		岩石名称	厚度/m	岩 性 特 征
煤层顶底板情况	基本顶	中粒砂岩、砂质泥岩	14.05 ~ 31.7/18.7	灰色，以石英，长石为主，分选较好，半圆状，含少量云母碎屑，泥质胶结，炭质线理发育
	直接顶	泥岩、砂质泥岩	1.11 ~ 5.5/3.97	灰色，块状，致密，平坦 - 贝壳状断口，含植物叶化石碎屑，含黄铁矿薄膜
	直接底	泥岩、炭质泥岩	0.85 ~ 1.25/1.03	灰色，块状，平坦状断口，含较多植物化石碎屑
	老底	砂质泥岩、泥岩	3.3 ~ 10.55/7.86	灰色，块状，平坦 - 贝壳状断口

因此，3 - 1 煤 31303 工作面辅助运输平巷底板主要由泥岩、炭质泥岩组成。

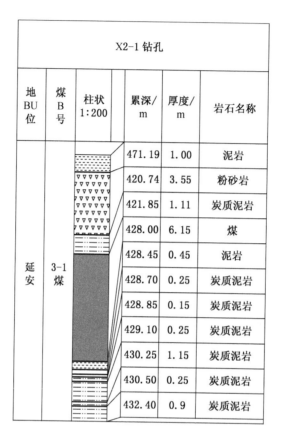

X2-1 钻孔					
地BU位	煤B号	柱状1:200	累深/m	厚度/m	岩石名称
延安	3-1煤		471.19	1.00	泥岩
			420.74	3.55	粉砂岩
			421.85	1.11	炭质泥岩
			428.00	6.15	煤
			428.45	0.45	泥岩
			428.70	0.25	炭质泥岩
			428.85	0.15	炭质泥岩
			429.10	0.25	炭质泥岩
			430.25	1.15	炭质泥岩
			430.50	0.25	炭质泥岩
			432.40	0.9	炭质泥岩

图 8-1　X2-1 钻孔 3-1 煤底板组成图

8.1.2　底鼓实测结果

31303 工作面推进 1458~1800 m 过程中，辅助运输巷道共布设 5 个测站测量底鼓情况，巷道变形情况如下：

1）测站 1

测站 1 位于 31303 工作面开切眼前方 1600 m 处。8 月 28 日至 9 月 20 日，测站于 9 月 8 日后起底，重新测量巷道变形。测站 1 位置巷道表面位移观测数据如图 8-3 所示。

由图 8-3 可知：

（1）测量周期内，测站 1 位置（起底结束前测量数据为准）巷道底鼓总量为 367 mm。工作面后方 237 m，巷道底鼓总量 656 mm。

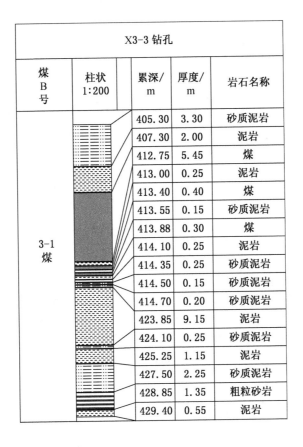

煤 B 号	柱状 1:200	累深/ m	厚度/ m	岩石名称
		405.30	3.30	砂质泥岩
		407.30	2.00	泥岩
		412.75	5.45	煤
		413.00	0.25	泥岩
		413.40	0.40	煤
		413.55	0.15	砂质泥岩
3-1 煤		413.88	0.30	煤
		414.10	0.25	泥岩
		414.35	0.25	砂质泥岩
		414.50	0.15	砂质泥岩
		414.70	0.20	砂质泥岩
		423.85	9.15	泥岩
		424.10	0.25	砂质泥岩
		425.25	1.15	泥岩
		427.50	2.25	砂质泥岩
		428.85	1.35	粗粒砂岩
		429.40	0.55	泥岩

图 8-2 X3-3 钻孔 3-1 煤底板组成

（2）9 月 4 日该测站位置巷道底鼓速度最快，为 89 mm/d，此时该测站位于工作面后方 21 m。

2）测站 2

测站 2 位于 31303 工作面开切眼前方 1650 m 处。8 月 31 日至 9 月 18 日，测站于 9 月 8 日后起底重新测量，至 9 月 18 日生产队二次起底后放弃此测站测量。测站 2 位置巷道表面位移观测数据如图 8-4 所示。

由图 8-4 可知：

（1）测量周期内，测站 2 位置底鼓总量为 657 mm。

（2）9 月 16 日该测站位置巷道底鼓速度最快，为 124 mm/d，此时该测站位于工作面后方 134 m。

3）测站 3

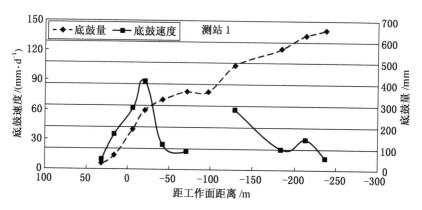

图 8 - 3　测站 1 底鼓量与底鼓速度变化情况

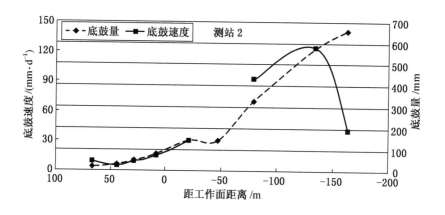

图 8 - 4　测站 2 底鼓量与底鼓速度变化情况

测站 3 位于 31303 工作面开切眼前方 1700 m 处。9 月 1 日至 9 月 23 日,测站于 9 月 8 日后起底重新测量。测站 3 位置巷道表面位移观测数据如图 8 - 5 所示。由图 8 - 5 可知:

(1) 测量周期内, 测站 3 位置巷道底鼓总量为 537 mm。

(2) 9 月 18 日该测站位置底鼓速度最快,为 54.5 mm/d,此时该测站位于工作面后方 83 m。

4) 测站 4

测站 4 位于 31303 工作面开切眼前方 1750 m 处。9 月 3 日至 9 月 21 日。测站 4 位置巷道表面位移观测数据如图 8 - 6 所示。

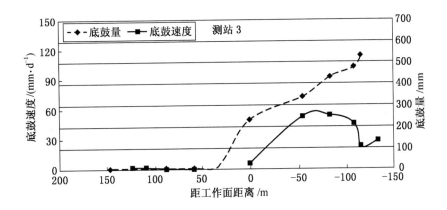

图 8-5　测站 3 底鼓量与底鼓速度变化情况

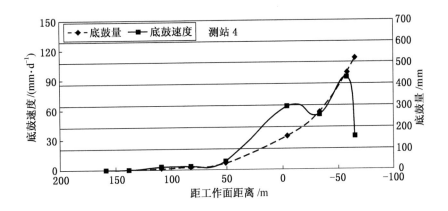

图 8-6　测站 4 底鼓量与底鼓速度变化情况

由图 8-6 可知：

（1）测量周期内，测站 4 位置巷道底鼓总量 524 mm。

（2）9 月 20 日该测站位置巷道底鼓速度最快，为 94 mm/d，此时该测站位于工作面后方 58 m。

5）测站 5

测站 5 位于 31303 工作面开切眼前方 1800 m 处。9 月 10 日至 9 月 23 日，测站 5 位置巷道表面位移观测数据见图 8-7。

由图 8-7 可知：

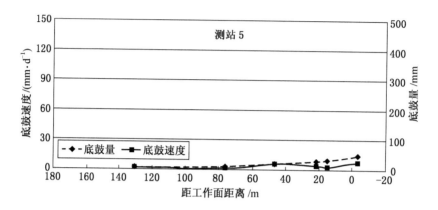

图 8-7　测站 5 底鼓量与底鼓速度变化情况

（1）测量周期内，测站 5 位置巷道底鼓量为 49 mm，由于本测站刚刚进入采空区，所以相比其他测站，此站对应的巷道底鼓量较小。

（2）9 月 23 日该测站位置巷道底鼓速度最快，为 8.5 mm/d，此时该测站位于工作面后方 3 m。

8.1.3　实测结果分析

1）工作面后方 21～134 m 底鼓速度较大。至观测结束，底鼓没有停止。观测期内，5 个测站底鼓量和速度统计见表 8-2，表中"位置"指测点距工作面距离，"负值"表示测点位于工作面后方。

表 8-2　底鼓量与底鼓速度统计表

| 测站名 | 最大底鼓量 | | 最大底鼓速度 | | 观察总天数/d | 工作面推进 | | 底鼓速度 30 mm/d | 底鼓速度 10 mm/d |
	量值/mm	位置/m	量值/(mm·d⁻¹)	位置/m		距离/m	速度/(m·d⁻¹)	位置/m	位置/m
1	656	−237	89	−21	24	318	13.25	22	32
2	657	−163	124	−134	19	248	13.05	−20	29
3	537	−133	54.5	−83	23	281	12.22	−21	−5
4	524	−65	94	−58	19	244	12.84	−18	48
5	—	—	—	—	—	—	—	—	—

由表 8 – 2 可知,观测期内,4 个测站底鼓量最大 657 mm,底鼓速度最大 134 mm/d。其中底鼓速度最大值发生在工作面后方 21 ~ 134 m,表明底鼓快速增长均发生在工作面后方 134 m 以前。后方 134 m 以后,底鼓速度小于 50 mm/d。

2) 煤壁约 +22 ~ −21 m 前方底鼓速度较小

参见表 8 – 2,1 ~ 4 测站底鼓速度等于 30 mm/d,测点对应工作面位置为 +22 ~ −24 m。可以认为,绝大多数情况下在工作面后方 −24 m 以前,底鼓速度小于 30 mm/d,速度较小。

3) 煤壁约 +48 ~ +29 m 前方底鼓速度小

参见表 8 – 2,除 3 号测站例外,其他测站底鼓速度等于 10 mm/d 测点对应工作面位置为 +48 ~ +29 m。可以认为,绝大多数情况下工作面前方 29 m 以前底鼓速度小于 10 mm/d,速度小。

4) 底鼓速度上升和推进方向侧方煤体支承压力峰值位置的关系

前几章中指出,工作面推进方向侧方煤体内前方支承压力峰值距离 13 ~ 21 m,后方支承压力峰值距离 −20 m,即支承压力峰值作用在工作面前方 +20 ~ −20 m 侧方煤柱内。前述底鼓速度小于 30 mm/d 时同样发生在工作面 +22 ~ −21 m 侧方巷道外,此后底鼓速度明显上升。对比可知,工作面推进方向,支承压力峰值出现位置大体上是巷道底鼓速度明显上升的位置。

8.2 底板岩石矿物成分和力学性质测定

为更加有效治理底鼓提供重要的技术支持,对察哈素煤矿辅助运输巷道底板岩芯的矿物成分和力学性质进行测定。岩样取自辅助运输顺槽距开切眼 1600 m 和 1700 m 处,巷道起底后,采取人工挖掘的方法,取自底板 2 m 深度,岩性以泥岩为主,含少量煤或炭质泥岩。

8.2.1 底板矿物成分分析

本次矿物成分测试采用德国 Bruker 公司生产的 D8 Advance 型粉末晶体 X 射线衍射仪,该系统由封闭陶瓷管 X 射线光源、X 射线高压发生器、高精度广角测角仪、高灵敏度林克斯阵列检测器、冷却水系统以及用于控制仪器和处理数据的计算机所组成。最终得到 31303 工作面底板软弱岩层矿物成分分析结果如图 8 – 8 所示。

从图 8 – 8 可知,测试泥岩岩样黏土矿物中以高岭石和伊利石为主,同时含有伊蒙混层等,其中伊利石、高岭石和伊蒙混层分别占 48%、39% 和 7%,另外含有 6% 的其他黏土矿物。

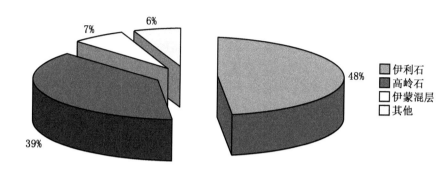

图 8-8 泥岩黏土矿物成分分析

8.2.2 底板力学性能测试

工作面巷道底板 2 m 范围为泥岩，对底板泥岩进行了抗拉强度、单轴和三轴抗拉强度试验，得到泥岩基本力学性质。

1）岩石拉伸试验结果

采用巴西圆盘法间接拉伸试验得到底板泥岩岩石单向拉伸试验结果见表 8-3，各试件的拉伸曲线如图 8-9 所示。实测底板泥岩最大抗拉强度为 2.19 MPa，最小抗拉强度为 1.07 MPa，平均为 1.78 MPa。

表 8-3 底板泥岩单向拉伸试验结果

岩 层	试件编号	直径/mm	高度/mm	最大压力/kN	抗拉强度/MPa
底板泥岩	1-1	48.50	19.50	3.26	2.19
	1-2	48.71	21.68	1.77	1.07
	1-3	48.74	23.76	3.81	2.09
	平均值	48.65	21.65	2.95	1.78

2）底板泥岩单轴压缩试验结果

岩石单轴抗压强度按岩石试验标准进行，加工后的试件形状为圆柱体。采用 MTS815.03 电液伺服岩石试验机进行，加载方式采用位移控制，可以避免压力达到试件极限强度后迅速破坏而得不到压力峰值后的应力应变曲线，峰前加载速度采用 0.1 mm/s，峰后加载速度采用 0.2 mm/s。

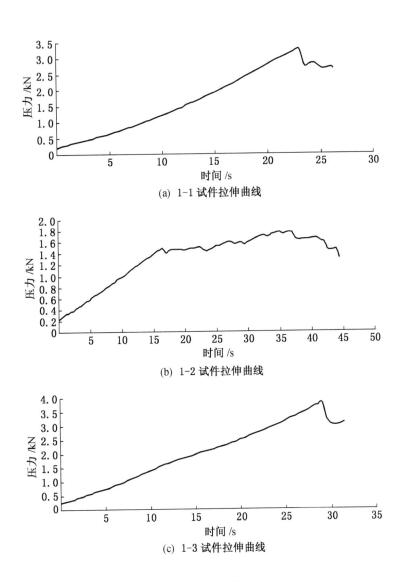

(a) 1-1 试件拉伸曲线

(b) 1-2 试件拉伸曲线

(c) 1-3 试件拉伸曲线

图 8-9 试件拉伸曲线

在确定试件岩石力学参数时，取试件最大支撑强度为极限强度；试件应变持续变化而应力基本保持不变的最后支撑强度为残余强度；在全应力应变曲线中取峰前直线弹性段的平均割线弹性模量为试件的弹性模量；根据经验取极限强度65%处的泊松比为试件的泊松比。岩石试件的平均抗压强度、弹性模量、泊松比即为该岩层的单轴抗压强度、弹性模量、泊松比。试验结果见表8-4，单轴压缩全应力—应变曲线如图8-10所示，泥岩试件最小单轴抗压强度10.87 MPa，最大单轴抗压强度11.69 MPa，平均抗压强度11.38 MPa。

表8-4 底板泥岩单轴压缩试验结果

岩层	试件编号	直径/mm	高度/mm	破坏载荷/kN	强度极限/MPa	普氏系数	弹性模量/MPa	泊松比
底板泥岩	2-1	48.54	62.84	20.12	10.87	1.1	1032	0.187411
	2-2	48.44	61.36	21.54	11.69	1.2	1215	0.199206
	2-3	48.68	64.58	21.54	11.57	1.2	1266	0.208412
	平均值	48.55	62.93	21.07	11.38	1.17	1171	0.198343

3）底板泥岩常规三轴压缩试验结果

本次试验分别进行了围压为3 MPa、5 MPa的常规三轴压缩试验。底板岩石三轴试验结果见表8-5，三轴压缩的全应力—应变曲线如图8-11所示。

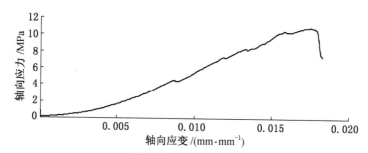

(a) 2-1 试件单轴压缩全应力—应变曲线

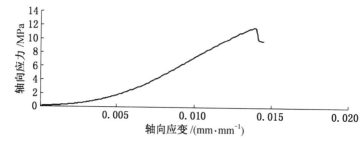

(b) 2-2 试件单轴压缩全应力—应变曲线

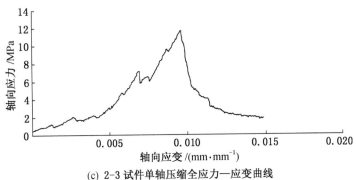

(c) 2-3 试件单轴压缩全应力—应变曲线

图8-10 试件单轴压缩全应力—应变曲线

表8-5 底板岩石三轴压缩试验结果

岩层	试件编号	直径/mm	高度/mm	围压/MPa	主应力差/MPa	三轴强度极限/MPa	残余强度/MPa
底板泥岩	3-1	48.54	78.98	5	43.16	48.16	30.87
	3-2	48.58	84.02	3	33.09	36.09	27.83
	3-3	48.70	88.12	3	32.88	35.88	27.70
	平均值	48.61	83.71	3.6	36.38	40.04	28.8

（1）计算内摩擦角 φ 和黏结力 C。$\sigma_1 - \sigma_3$ 线性回归方程。曲线如图8-12所示。

线性回归方程为：　　　$\sigma_1 - \sigma_3 = 12.045 + 6.4234\sigma_3$

线性相关系数：　　　　$\rho = 0.992$

（2）内摩擦角 φ 及黏结系数 C 的计算。

岩石强度方程：　　　　$\tau = \sigma\tan\varphi + C$

三轴试验线性回归方程：

$$\sigma_1 - \sigma_3 = \sigma_3\tan\alpha + k$$

式中　　　φ——岩石内摩擦角；

　　　　　C——岩石黏聚力；

　　　$\tan\alpha$——线性回归方程的斜率；

　　　　　k——线性回归方程的纵轴截距。

根据莫尔应力圆关系可导出 φ、C 的计算公式：

$$\varphi = 2\tan^{-1}\sqrt{\tan\alpha + 1} - 90$$

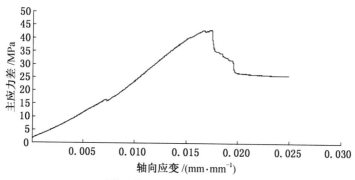

(a) 3-1 试件三轴 (5MPa) 压缩全应力—应变曲线

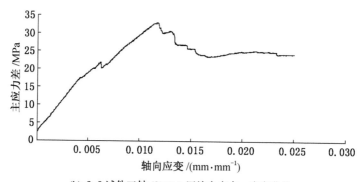

(b) 3-2 试件三轴 (3MPa) 压缩全应力—应变曲线

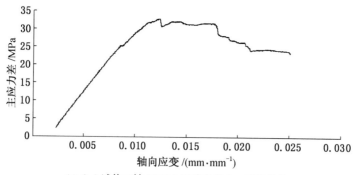

(c) 3-3 试件三轴 (3MPa) 压缩全应力—应变曲线

图 8-11　试件三轴压缩全应力—应变曲线

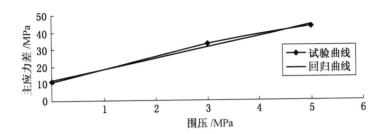

图 8 - 12　$\sigma_1 - \sigma_3$ 线性回归曲线

$$C = \frac{k(1 - \sin\varphi)}{2\cos\varphi}$$

可以计算得出该岩层 C、φ 值，见表 8 - 6。

表 8 - 6　察哈素煤矿底板岩石 C、φ 值及回归方程

岩层	$\sigma_1 - \sigma_3$ 线性回归方程	相关系数 ρ	C/MPa	φ/(°)
底板泥岩	$\sigma_1 - \sigma_3 = 12.045 + 6.4234\sigma_3$	0.992	2.21	49.69

综合上述计算，泥岩底板周压为 3 ~ 5 MPa 时，三轴抗压强度为 35.88 ~ 48.16 MPa，平均为 40 MPa，残余强度平均为 28.8 MPa，峰值强度对应应变为 0.0125 ~ 0.0175 MPa，黏聚力为 2.21 MPa，内摩擦角为 49.69°。

8.3　底鼓类型和形成机理

由于巷道所处的地质条件、底板围岩性质和应力状态的差异。底板岩层鼓入巷道的方式及其机理也各不相同，一般可分以下为四类：

1）挤压流动性底鼓

挤压流动性底鼓通常发生在直接底板为软弱岩层，两帮和顶板岩层比较完整的情况下。在两帮岩柱的压模效应和应力的作用下，或者整个巷道都位于松软碎裂的岩体内，由于围岩应力重新分布及远场地应力的作用，软弱的底板岩层向巷道内挤压流动。其力学模型如图 8 - 13 所示。

2）挠曲褶皱性底鼓

挠曲褶皱性底鼓通常发生在巷道底板为层状岩石，其底鼓机理是底板岩层在平行层理方向的压力作用下，向底板临空方向挠曲而失稳，其力学模型如图 8 - 14 所示。底板岩层的分层越薄，巷道宽度越大，所需的挤压力越小，越易发生挠曲性底鼓。

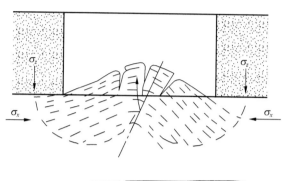

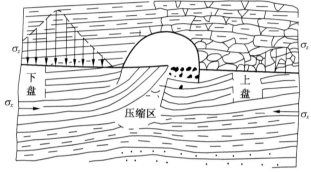

图 8 - 13 挤压流动性底鼓

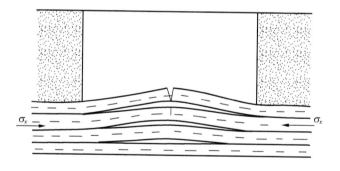

图 8 - 14 挠曲褶皱性底鼓

3）剪切错动性底鼓

剪切错动性底鼓主要发生在直接底板。即使是整体性结构岩层，但在高应力作用下，巷道底板也易遭到剪切破坏，或者在巷道底角产生很高的剪切应力而引起楔形破坏，其力学模型如图 8 - 15 所示。

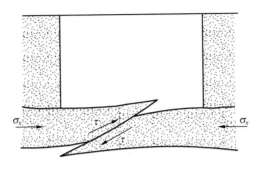

图 8-15 挽曲褶皱性底鼓

4）遇水膨胀性底鼓

遇水膨胀性底鼓都发生在矿物成分含蒙脱石的黏土岩层，它与前述各类底鼓的主要区别为底鼓是由底板吸水膨胀引起的。底鼓的机理不同，治理的方法也应有所不同。膨胀岩石有两类，一类是含硬石膏无水芒硝和钙芒硝的岩石，另一类是含蒙脱石的弱胶结泥岩、泥质页岩。由于水的存在使围岩强度降低，如黏土页岩含水率每增加 1%，岩石的单向抗压强度降低 62% ~85%。

察哈素煤矿直接底板由软弱厚度为 0.8 ~1.8 m 的炭质泥岩构成，在顶板的强度相对大于煤和底板岩体强度的情况下，在两帮岩柱的压模效应和远场应力的作用下，底板软弱破碎岩体挤压流动到巷道内。当整个巷道都位于松软碎裂的岩体内时，由于围岩应力重新分布和远场应力的作用，而使底板破碎岩体流动变形。

对于此类底鼓可将底板岩层看成两端固支的岩梁进行理论分析：底板岩层一般呈层状赋存，如图 8-16 所示。巷道底鼓就取决于这些岩层（h_1、$h_2 \cdots h_n$）的稳定性及位移量，现首先分析 h_1 岩层的稳定性及位移。

底板岩层 h_1 下部承受垂直向上的分布力，两端作用有水平力。底板岩层 h_1 两固定端的应力最大。另外，弹塑性有限元数值计算亦表明，在巷道基角处会产生强烈的应力集中现象。所以，底板岩层 h_1 的两端最易发生破坏。当 h_1 岩层的两端破坏以后，认为它基本失去了垂直向上的承载能力。在此状态下，由于发生破坏的只是岩层的固定端，而岩层的其他部分并没有破坏，所以当巷道两帮相对移近时，必然施加一水平力 p_x 于 h_1 岩层上，如图 8-17 所示。当 p_1 达到并超过某一定的临界载荷 $(p_x)_c$ 时，岩层即发生压曲而失稳。

岩层的压曲微分方程为

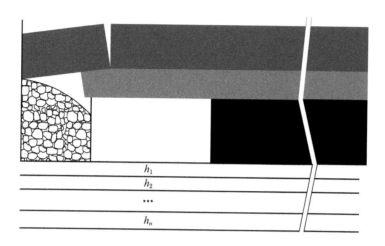

图 8 – 16　巷道底板分层

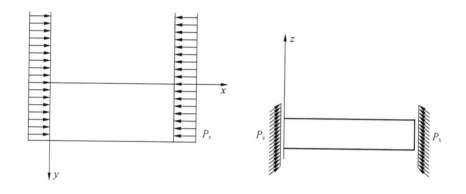

图 8 – 17　底板压曲力学模型

$$D_1 \nabla^4 \omega - \left(N_x \frac{\partial^2 \omega}{\partial x^2} + 2N_{xy} \frac{\partial^2 \omega}{\partial x \partial y} + N_y \frac{\partial^2 \omega}{\partial y^2} \right) = 0 \qquad (8-1)$$

式中　　　　　　ω——岩层的挠度，m；

　　　　　　　D_1——h_1 岩层的弯曲强度，N·m；

　　N_x、N_{xy}、N_y——岩层的中面应力，N/m。

岩层的中的应力（拉正压负）：

$$\sigma_x = -\frac{P_x}{t_1} \qquad \sigma_y = -\frac{\mu_1 p_x}{t_1} \qquad \tau_{xy} = 0$$

式中 p_x——岩层边单位长度所受的均布压力，N/m；

　　　　t_1——h_1 岩层厚度，m；

　　　　μ_1——岩层泊松比。

于是得到中面应力：$N_x = \sim p_x$，$N_y = \sim \mu_1 p_x$，$N_{xy} = 0$。

将上式代入式（8-1），并考虑到挠度仅与 x 有关，得：

$$D_1 \frac{d^4 \omega}{dx^4} + p_x \frac{d^2 \omega}{dx^2} = 0 \qquad (8-2)$$

取挠度的表达式为：

$$\omega = \sum_{m=1}^{\infty} A_m \sin \frac{m \pi x}{l_1} \qquad (8-3)$$

式中 m——任意正整数；

　　　　A_m——待定系数；

　　　　l_1——h_1 岩层宽度，m。

将式（8-3）代入式（8-2）得：

$$\sum_{m=1}^{\infty} A_m \left(\frac{D_1 m^4 \pi^4}{l_1^4} + \frac{p_x m^2 \pi^2}{l_1^2} \right) \sin \frac{m \pi x}{l_1} = 0$$

压曲条件为

$$\frac{D_1 m^4 \pi^4}{l_1^4} - \frac{p_x m^2 \pi^2}{l_1^2} = 0$$

令 $m = 1$，得临界载荷 $(p_x)_c$ 为

$$(p_x)_c = \frac{\pi^2 D_1}{l_1^2} \qquad (8-4)$$

于是得临界状态下岩层内的应力为

$$\sigma_x = -\frac{\pi^2 D_1}{t_1 l_1^2}$$

$$\sigma_y = -\frac{\mu_1 \pi^2 D_1}{t_1 l_1^2} \qquad (8-5)$$

$$\sigma_z = \tau_{xy} = \tau_{yz} = \tau_{zx} = 0$$

当 $p_x > (p_x)_c$ 时，h_1 岩层失稳。

一般情况下，不讨论岩层在超临界载荷下的位移和应力。这是因为，当水平载荷到达临界载荷以后，载荷的稍许增加将使得位移和内力增大很多，可以根据井下巷道底板的实际破坏状况进行评估。一般底板岩层的压曲破坏多发生在岩层的中部，根据这一现象估计 h_1 岩层的压曲位移 μ_v，得：

$$\mu_v = -\frac{(2\mu_1 l_1 - \mu_1^2)^{\frac{1}{2}}}{2} \tag{8-6}$$

式中　μ_1——h_1 岩层处的两帮移近量，m。

以上分析的是 h_1 岩层的稳定性及压曲位移。对于 h_n 岩层，可以用同样的方法计算。

综上所述，底鼓取决于底板各岩层的相继失稳变形。当 h_1 岩层失去承载能力之后，底板岩层内应力重新分布，达到新的平衡状态。当 h_2 岩层两端发生破坏时，它失去垂直向上方向的承载能力，在两帮岩石的挤压作用下，向巷道内弯曲。依此类推，直到稳定的岩层为止。

8.4　平巷底鼓原因探讨及治理方案

8.4.1　辅助运输平巷底鼓原因探讨

1. 底鼓发生的时间、位置和底鼓量值

前述 31303 辅助运输平巷典型底鼓观测揭示该巷底鼓发生的一些基本特点：

（1）工作面超前支承压力影响范围以远辅助运输巷道底鼓速度很小，底鼓量值也较小。支承压力观测得到工作面超前支承压力（侧向煤体内）明显影响范围为工作面（煤壁）前方 51~58 m，后方支承压力（侧向煤体内）明显降低范围距工作面大于 80 m。从最远前方 174 m 开始观测，前方 51 m 前，巷道底鼓速度一般小于 10 mm/d，最小为 0。此阶段内，4 个测站统计最大底鼓量 75 mm。

（2）侧方煤柱内工作面推进方向支承压力峰值作用范围内，巷道底鼓速度增大。侧方煤体内，工作面推进方向前后支承压力峰值作用范围为距煤壁 +22~ -21 m（见图 8-6，图中 21 m 和 20 m 为平均值）。该范围内巷道底鼓速度一般小于 30 mm/d，较 51~58 m 以前段底鼓速度和底鼓量明显增大，并预示着底鼓速度明显上升。

（3）侧方煤柱内，工作面推进方向后支承压力明显降低区范围以远，巷道底鼓速度达最大值（见表 8-2）。4 个测点底鼓最大速度 54.5~124 mm/d，底鼓总量为 524~657/593.5 mm。测点位于工作面后方 21~134 m 时出现最大底鼓速度，表明最大底鼓速度位于工作面后方，并位于工作面后方支承压力明显降低范围 80 m 以外。

2. 采动应力是巷道底鼓的直接原因

前述煤柱内推进方向支承压力分布特征参数和巷道底鼓量值参数分析结果表明，由于工作面采动引起的区段煤柱上支承压力峰值作用（$k_{2max} = 1.52$），导致巷道底鼓加重（10～30 mm/d），底鼓速度最大值一般发生在后支承压力明显降低范围外，一般为 80 m 以外。表明底鼓速度最大值一般发生在接近原始应力的后方采空区较远距离，参见表 8 - 2。

由此可知，工作面辅助运输平巷底鼓主要动力是采动应力，巷道底鼓也可以归入图 8 - 13 第一种"挤压流动性底鼓"类型中。

3. 吸水性强的较大厚度软弱底板是巷道底鼓的诱导原因

工作面采动引起煤壁附近侧方煤柱受到前后方集中支承压力作用一段时间，此时底鼓速度开始明显上升，平巷间受到支承压力作用的煤柱对底板产生的作用，类似于"压模效应"。所谓压膜效应是指：假设巷道底板为较弱岩体，两帮为相对坚硬煤岩，作用在两帮煤体上的支承压力会通过两帮传递到底板，当载荷达到一定值时，会使底板产生塑性位移，出现岩体剪切破坏，产生底鼓。

如果压模下巷道底板岩石强度较大，压模作用下的集中应力不能导致底板岩石破坏，仍然不能产生巷道的明显变形甚至破坏。

（1）底板岩石的力学测试表明，泥岩强度低。①由工作面柱状图表明，31 采区大部分底板 10 m 范围内主要为泥岩或含泥岩的砂岩；②人工起底取样点 2 m 范围内底板岩性为泥岩；③取样点泥岩位于强度低的软弱岩层，抗拉强度为 1.78 MPa，单轴抗压强度为 11.38 MPa，周压为 3～5 MPa 时三轴抗压强度为 40.04 MPa，残余强度为 28.8 MPa；④取样点泥岩单轴压缩时弹性模量为 1171 MPa，变形模量小，是易变形的软岩。

（2）底板泥岩的矿物成分测试表明，泥岩具有明显的吸水膨胀性。底板泥岩具有明显的遇水膨胀性，泥岩中含有伊利石、高岭石和伊蒙混层矿物成分，3 种矿物成分分别为 48%、39% 和 7%。其中，高岭石干燥时具有吸水性（黏舌性），遇潮后有可塑性，蒙脱石及伊蒙混层吸水后体积急剧膨胀并成糊状，水化后体积膨胀可超过 50%。

（3）对泥岩试件浸水试验表明，块状试件浸水 5 min 后，泥岩解体成泥浆状。

（4）现场观测表明，底鼓测点 1～4 号进入工作面前后方 30 m 范围时底板均有少量积水。

由上分析可知，31303 工作面辅助运输平巷底鼓原因是采动应力和泥岩软弱底板吸水膨胀双重作用，其中采动应力是直接原因，软弱吸水底板泥岩层是诱导原因。

8.4.2 一般治理方法底鼓治理方案

国内外治理底鼓的有效方案一般分为以下两类：一是防止底鼓，即采取措施将底鼓量减少到允许范围,如加固法、卸压法、联合法和加固巷道帮、角;二是清除底鼓,将巷道已发生底鼓的部分岩石清除,恢复巷道断面积。采取清除底鼓的措施,常常需要反复进行几次,不仅增加了出矸量,浪费了大量的人力、物力,使巷道的维修成本增高,而且还不能完全制止底鼓,严重影响矿井的正常生产与安全。以下是第一类治理底鼓方案的具体方式:

1)加固法

加固法通过提高底板围岩强度或提高对底板围岩的支护力来达到控制底鼓的目的,是一种最常用的底鼓控制方法。根据其机理的不同,加固法可以分为以下3种:

(1)提高底板围岩的强度,主要有底板注浆、底板锚杆等。

(2)增加对底板围岩的支护力,主要有全封闭式巷道支架、砌筑底拱、砌碹、底板桁架等。

(3)联合支护,即以上两方面的结合,包括全封闭锚喷联合支护、锚喷网封闭料石砌碹联合支护、锚网全封闭混凝土联合支护、喷网全封闭金属可缩性支架联合支护等。

2)卸压法

卸压法通过将巷道周边(特别是底板)的集中应力向巷道围岩深部转移来达到控制底鼓的目的,是一种使用比较普遍的底鼓控制方法。卸压法主要有:

(1)切缝卸压。底板切缝可造成底板中最大水平挤压力向围岩深部转移,使底板中可能因围岩褶皱而产生的底鼓影响力向深部转移。主要适合于防治挠曲褶皱性底鼓。

(2)松动爆破卸压。在底板内进行松动爆破后,爆破孔底周围出现许多裂隙,使底板的围岩与深部散离,原来处于高应力状态的底板岩层出现卸压区,使应力向岩体深部转移,从而减少巷道的底鼓。主要适合于应力高且围岩比较坚硬的巷道底鼓。

(3)钻孔卸压。通过在底板中打钻孔以降低底板围岩的应力来防治底鼓。

3)联合法

联合法即将加固法与卸压法的技术联合起来,一方面将巷道周边(特别是底板)的应力向围岩深部转移,另一方面提高围岩的自支承能力,并给予一定的支护力。此法适合应力集中程度大、底鼓严重的情形。

4)加固巷道帮、角

加固巷道帮、角的措施有帮角注浆和帮角锚杆,其作用是:

(1)减弱巷道局部应力集中程度,在两帮及角部形成自承能力较高的承载拱,以控制两帮和角围岩塑性区的发展。

（2）提高巷道两帮与角部（尤其是底角）围岩的自承能力,减少两帮的变形。

（3）通过加固巷道帮、角,减少由于两帮破裂压缩下沉所造成底鼓、体积膨胀、顶板的破裂和离层,从而减少巷道底鼓和顶板下沉量。

根据察哈素煤矿的具体条件,综合以上各个方案将加固巷道帮、角作为本次治理底鼓方案的首选。计算研究表明:开巷后在2次应力作用下,围岩塑性区首先发生在强度最低的巷道两帮和应力集中的角部,随着帮、角塑性区的发展。其他部位的塑性区也逐渐发展,但最终仍以帮、角的塑性区为最大。帮和底围岩塑性区发展越大,则因破裂围岩塑性变形、黏塑性流动和体积膨胀造成的巷道底鼓量也越大。此外,因开采工作引起的高地应力会使巷道围岩各岩层受到压缩而产生下沉,帮下沉将促使底板破裂、滑移、膨胀更为剧烈。两帮和底板越松软,道底鼓量就越大。

因此,为了控制巷道底鼓,巷道开掘后应尽早加固其软弱围岩帮和角（主要是底角）,作用是:①减弱巷道角部应力集中程度并在两帮和角部形成自承能力较高的承载拱以控制帮和底角塑性区的发展;②提高巷道两帮及角部（尤其是底角）围岩的自承能力,减少两帮松动破裂围岩压缩下沉造成的底板滑移鼓起。

8.4.3　支护参数的优化设计方法

结合各种设计方法的优点,对察哈素煤矿提出锚杆－锚索联合支护设计优化的方法和步骤如下:

（1）根据支护设计依据,建立数值计算模型;应用工程类比法,参照已有工程或类似条件工程的支护效果（支护参数和围岩变形破坏状态）,对数值模型中难以测取的力学参数进行调整,使数值模拟结果基本符合已有工程或类似条件工程的实际状态,由此确定巷道围岩的数值计算模型。

（2）改变锚杆支护形式和参数,选用支护效果较好的锚梁网支护形式和参数。为了使锚杆支护的顶板在下沉量较大时仍可保持自身稳定,应在满足锚杆安装施工要求的前提下尽可能加大锚杆长度。通过数值模拟计算,可以得到锚杆支护允许顶板变形的最大下沉量,以及围岩趋于稳定时的松动破坏区范围及其相应的顶板下沉量。

（3）根据步骤（2）获得的顶板下沉量和围岩松动破坏区范围,确定锚索加强支护的方法。如果顶板下沉量和松动区范围较大,则在同一断面上布置两根锚索,锚索位于靠巷帮1/4巷道宽度的位置。按围岩松动破坏区范围确定锚索长度,按锚杆支护允许顶板的最大变形量确定锚索的滞后安装距离或时间。

（4）判定锚索所需的延伸量、锚索长度和密度。根据锚索所需的延伸量和长度,确定锚索的实际延伸量及其与所需延伸量的差值。根据延伸量差值,确定锚索木垫板厚度。如果锚索延伸量差值较小，可以调整锚索安装时间，减小安装锚索时顶板的下沉量，提高锚杆－锚索联合支护的可靠性。

（5）考虑锚索的滞后安装时间和木垫板的压缩量，对数值模型进行模拟计算，再根据计算结果调整支护参数。使其在支护效果、经济合理性方面达到最佳。当巷道围岩变形破坏太严重，以致采用锚索加强支护的各种措施仍不能保持围岩稳定时，则应在设计中考虑锚杆－锚索联合支护后，再采取打中柱或二次补打锚索等措施，维护巷道的稳定。

（6）当前采用的数值模拟计算方法在模拟分析较大变形的围岩稳定性问题时，计算结果给出作用于锚杆或锚索上的载荷一般为锚杆或锚索约束围岩变形的作用载荷。考虑到数值模拟分析结果与实际有一定的差距，为了支护设计的可靠性，需结合理论计算方法，采用悬吊原理对锚索的承载能力进行检验。与当前锚索支护设计中采用悬吊理论进行计算或检验的方法有所不同，因为这一检验步骤是以锚索能适应围岩变形为前提条件的。

当煤巷顶板下沉量超过 $80 \sim 100$ mm 以上时，多数情况难以采用锚杆支护方法保持顶板的长期稳定，因此需要采用锚索进行加强支护，防止顶板局部冒落。但是，在这一条件下，顶板趋于稳定时的下沉量往往明显大于锚索的延伸量，为了达到锚杆和锚索支护作用互补的目的，必须合理选择提高锚索适应围岩变形的方法。

提高锚索适应围岩变形的方法主要有以下三种：①加木垫板；②滞后安装锚索；③锚索布置方式。采用加木垫板的方法可以增加锚索适应围岩变形量为 $30 \sim 40$ mm。采用锚索的合理布置方式，如将锚索布置在距煤帮一侧 1/4 巷宽的位置，比布置在巷道顶板中部，可以使锚索减少 1/2 的适应围岩变形量。采用滞后掘进工作面安装锚索的方法，可提高锚索适应围岩变形的程度取决于锚杆支护控制顶板的最大变形量。所以，锚杆～锚索联合支护设计应将锚杆支护和锚索支护参数结合一起确定。

选择提高锚索适应围岩变形的方法应以巷道顶板预计的最大下沉量为依据，按以下顺序确定选择哪几种方法：加木垫板→滞后安装→锚索位置。当采用加木垫板可满足要求时，则可不选用后两种方法。如果三种方法都选用时，仍不能满足顶板变形的需要，则需考虑采用其他方法进行加强支护。如后期补打锚索，巷道中部打带帽点柱或架棚等。

8.4.4 支护参数的优化

察哈素煤矿巷道支护形式

（1）支护材料见表 8－7。

表 8-7   31303 巷道支护材料参数

支 护 结 构			规　　格
锚杆	锚杆		$\phi22$ mm $\times2200$ mm
	树脂		$\phi23$ mm $\times600$ mm，1 卷/眼
锚网	钢筋网	顶网	$\phi6.0$ mm $\times2600$ mm $\times900$ mm 钢筋网，网格 100 mm $\times100$ mm
		帮网	$\phi6.0$ mm $\times3800$ mm $\times900$ mm 钢筋网，网格 100 mm $\times100$ mm
	塑料网		3.8 m $\times10.0$ m
钢梁	2600 mm $\times80$ mm，采用 $\phi12$ mm 螺纹钢制作		

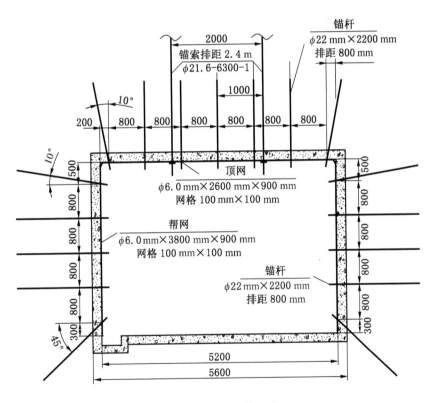

图 8-18   原有支护设计图

（2）支护参数。巷道顶板采用锚网索永久支护,树脂端头锚固（图 8-18）。锚杆矩形布置,每排 7 根,间排距为 800 mm $\times800$ mm。顶帮用钢筋网、螺纹钢锚杆支护;帮锚杆矩形布置,每帮每排5根,间排距为800 mm×800 mm。锚杆扭矩不小于100 N/m,锚固力不小于8 t,外露长度不超过50 mm,误差±10 mm。巷道形状均为矩形,其断面参数见表2-3,原有巷道支护如图8-18所示。

但是矿方在施工时,由于施工的难度所致,并没有按照上面的设计进行施工,矿方将底角锚杆取消,顶角锚杆打为平行,实际巷道支护施工如图8-19所示。

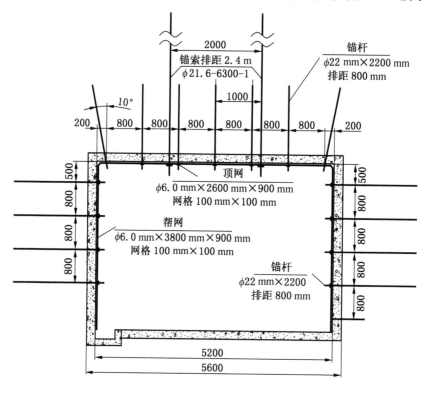

图8-19 实际施工支护图

因此为了降低底鼓破坏程度,在实际施工支护设计的基础上,针对巷道两帮和底角处进行加强支护。具体方案有以下4种:①补打底角锚杆;②增加两帮支护密度;③补打底角锚杆同时增加两帮支护密度;④补打底角锚杆同时增加两帮支护密度,并且将锚杆长度增加1 m。如图8-20所示。

为了对比各个方案对巷道底鼓的影响程度,分别对原支护条件、方案一条件、方案二条件、方案三条件和方案四条件下的巷道进行模拟分析。

从图8-21中顶底板移近量可以看出,单独使用方案一和方案二的效果相对不是特别明显,顶底板移近量减小幅度不超过10%。

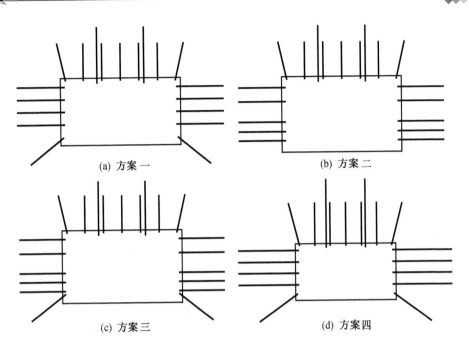

(a) 方案一　　　　　　　　　　(b) 方案二

(c) 方案三　　　　　　　　　　(d) 方案四

图 8-20　支护设计方案图

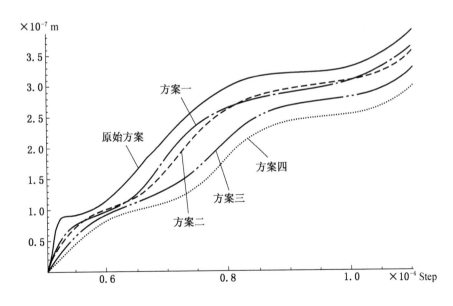

图 8-21　顶底板移近量随计算步骤变化曲线图

方案三结合了方案一和方案二的优势，即在加固巷道两帮的同时又利用底角锚杆加固了巷道底部。方案三能够相对方案一和方案二取得更好控制底鼓的支护效果，从图 8-21 中可以看出顶底板移近量降低接近 15%。

方案四的效果最明显，因为加长了锚杆长度使得锚杆大部分时间能锚固在松动圈以外，随着采动影响对煤柱的破坏加剧，加长的锚杆锚固有效时间相对其他方案更长，从图中可以看出顶底板移近量相对没有改进的时候降低了 20% 左右。方案四和原方案底鼓效果对比图如图 8-22 所示。

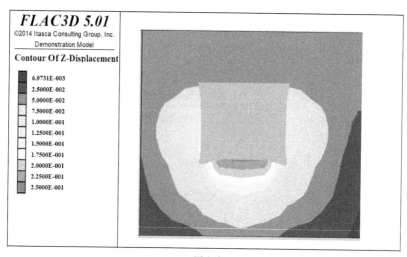

(a) 原方案

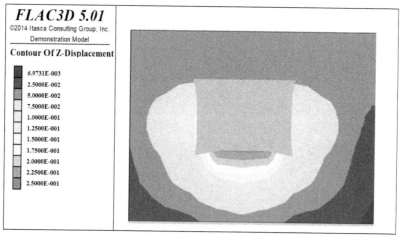

(b) 方案四

图 8-22　原方案和方案四底鼓效果对比图

上述锚杆－锚索联合支护初始设计方法是工程类比法、理论计算方法和数值计算方法的结合，并且遵循了"初始方案—实验—修正方案"循环改进的设计程序，只是这里"实验"不是井下实际工程的试验，而是在计算机上进行"数值模拟实验"。通过这种多次实验改进的设计过程，从而使实施于井下工程的初始设计方案更加合理、可靠。

8.5　本章小结

本章通过底鼓量观测研究以及平巷底板矿物成分及力学性质测试，分析了底鼓的基本特征及底鼓主要原因，提出了底鼓治理技术。

（1）通过对辅助运输巷底板岩石矿物成分和力学性质测定得到如下结论：31 采区 31303 工作面辅助运输平巷底板主要由泥岩、炭质泥岩组成；岩芯取自底板 2 m 深度，岩性以泥岩为主，含少量煤或炭质泥岩。泥岩底板周压为 3～5 MPa 时，三轴抗压强度为 35.88～48.16 MPa，平均为 40 MPa，残余强度平均为 28.8 MPa，峰值强度对应应变为 0.0125～0.0175，黏聚力为 2.21 MPa，内摩擦角为 49.69°。

（2）在辅助运输平巷内共布置 5 个测站，现场监测了 31303 工作面推进 1458～1800 m 过程中巷道底鼓情况。观测期内（观测范围为工作面前方最远 174 m，至进入采空区最远 237 m），辅助运输平巷测站底鼓量为 49～657/485 mm；底鼓速度最大值为 54.5～124/90.4 mm/d，位于工作面后方 21～134 m。

（3）研究可得辅助运输巷道底鼓速度与底鼓量的大小与支承压力变化有密切关系：①工作面推进方向，超前支承压力影响范围以外辅助运输巷道底鼓速度很小，底鼓量值也较小；②侧方煤柱内工作面推进方向支承压力峰值作用范围内，巷道底鼓速度明显上升；后方支承压力明显降低区范围远处，巷道底鼓速度达最大值。

（4）采动应力是回采巷道，尤其是辅助运输平巷巷道底鼓的直接原因，吸水性强的较大厚度软弱底板是巷道底鼓的诱导原因。通过工程类比法、理论计算方法和数值计算方法相结合的方法，确定方案四补打底角锚杆同时增加两帮支护密度并且将锚杆长度增加 1 m，可有效巷道降低底鼓破坏程度。

9 察哈素煤矿自然发火防治技术

9.1 采空区煤炭自然发火危害及研究意义

矿井自燃火灾经常引发矿井瓦斯爆炸，灭火时常伴随水煤气爆炸，火灾产生的有毒有害气体在井下空间流动，给矿工生命安全造成极大威胁。

察哈素井田为地温正常区，地温梯度小于 3 ℃/100 m，无地热危害。察哈素煤矿为低瓦斯矿井，煤层瓦斯含量低，瓦斯涌出量也较小，31303 工作面最大绝对瓦斯涌出量为 0.35 m³/min。回采时有可能局部瓦斯含量较大，加强工作面回风隅角通风管理，防止瓦斯和其他有害气体积聚。抑止煤尘爆炸最低岩粉量为80%，有爆炸性，回采时必须采取降尘措施。

31303 工作面是察哈素煤矿的第二个工作面，31303 工作面南西为 31301 工作面采空区，周边无报废矿井和其他老窑存在。所开采的 3 号煤层煤的吸氧量为0.99 cm³/g 干煤，自燃倾向性等级为Ⅰ类易自燃。工作面煤层最厚达 7 m，而平均采高为 5.7 m。因此，工作面在开采过程中不可避免的产生遗煤，形成自然发火隐患。而 3 号煤层的最短自燃发火期为 39 天，从而加剧了采空区自燃的危险程度。同时 31303 工作面掘进过程中每隔 50~60 m 开掘一个联巷，工作面回采过程中对这些联巷进行封闭，大量的联巷密闭存在不同程度的漏风。上述因素综合起来，造成 31303 工作面采空区自燃危险性大。而采空区一旦自燃，治理难度大，成本高，安全威胁大。采后应及时密闭采空区，防止向采空区漏风；加强注浆、注氮，以防采空区火灾。

本章对 31303 工作面采空区的发火影响因素、采空区氧化自燃"三带"划分及自然发火防治措施等进行研究。

9.2 察哈素煤矿采空区煤炭自燃影响因素分析

煤炭自燃作为一个复杂的物理、化学作用过程，受内在因素和外界环境的综合影响，但主要是由煤中活性基团被空气氧化，热量缓慢聚集，聚集的热量无法向四周扩散而引起的。因此，在研究煤炭自燃时，应从煤炭本身是否具有自燃倾向性以及外界因素是否有利两方面考虑。不同地区的不同的煤层，起主导作用的因素也不相同。

采空区煤炭自燃因素分内因和外因（图9-1）。煤炭自燃的内因是最根本的原因,影响煤炭自燃的内因主要包括煤化程度、煤岩成分、含硫量、水分、孔隙特性、瓦斯含量等。这些因素共同作用,使煤具有自燃倾向性,这也是形成煤炭自燃的充分条件。采空区煤炭自燃的外因包括漏风强度、温度、地质因素、工作面推进速度、煤层厚度等因素。本部分主要侧重煤炭自燃的内因的分析和研究。

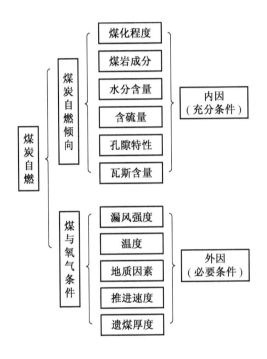

图9-1　煤炭自燃影响因素

9.2.1　煤中硫的影响

硫在煤中有3种赋存形态:有机硫（与煤中烃类化合物相结合的硫）;无机硫中的硫化物（大部分以黄铁矿硫形态存在）;无机硫中的硫酸盐。煤中有时也有微量的元素硫存在,这些形态硫的总和称为全硫。由于煤中存在的硫氧化所需温度较低,氧化放热则会加速煤的自燃。

煤中硫的存在能增加煤的自燃倾向性,我国许多高硫矿区,如内蒙古乌达矿区、贵州六枝矿区自燃现象非常严重。煤中硫对自燃影响较大的主要是黄铁矿,黄铁矿遇湿极易被氧化，而且黄铁矿与煤吸附等量的氧气时，其温度的增值比煤大 3 倍。黄铁矿被氧化产生的硫酸具有强氧化性和酸性，加速了煤的自燃，在有硫杆菌类细菌存在时，整个反应将大幅加快。黄铁矿被氧化时体积增大，对煤体具有胀裂作用，能使煤体裂隙扩张和增多，导致氧气渗入。

煤的着火点与煤中无机矿物质的含量有关。一般矿物质含量高的煤，着火点也就高。但煤中含有黄铁矿，则可以降低煤的燃点（煤化程度低的煤除外）。煤经过氧化后，则着火点明显地下降。

在察哈素煤矿 31303 工作面采集煤样，经国土资源实物地质资料中心岩矿测试实验室测试，3 号煤层的含硫量为 0.66%，属于低硫煤。

9.2.2　煤中水分的影响

煤中水分对煤炭自燃影响较大。一方面，水分的存在对煤自燃起催化作用，煤中高分子结构通常含有酰基、醛基和羟基等极性基团，发生水解时，放出润湿热。水分蒸发后，煤中形成了大量的孔隙和裂隙，氧气更易到达煤体内部，大幅增加了煤氧反应面积，加速煤的自燃。另一方面，水分影响氧气在煤表面的传递和吸附，蒸发时带走热量，进而降低煤氧反应速率，抑制煤的自燃。因此，将煤的湿度保持在临界水平以上，其自燃倾向性会大幅降低。

煤的水分影响：煤的水分是影响煤氧化进程的重要因素。煤体水分在没有全部蒸发之前也很难上升到 100 ℃以上。这就是水分大的煤难以自燃的原因，但是水分能充填于煤体微孔中，将微孔中的氮气和二氧化碳排挤出去，当水分蒸发干燥后，煤的吸附性恢复，又起到活化作用。随着煤温升高，水分的催化剂作用增强，井下灌水灭火疏干后，煤炭很快就发生自燃，也充分说明了一定量的水分也利于煤层自燃，过量的水分则拟制煤炭的自燃。

在察哈素煤矿 31303 工作面采集煤样进行了煤样的分析测试，测试结果表明，3 号煤层水含量为 7.46%。同时在 31303 工作面采集煤样后，进行了煤样的全水分测试及水分变化测试，测试过程中取原两个煤样进行测试，然后每隔一个小时分别取样进行测试，测试数据见表 9 - 1。

工作面回采的 3 号煤层属侏罗系中统延安组，产状平缓，构造简单，煤炭"三低一高"（低硫、低磷、低灰、高发热量），但煤中丝炭含量较高，吸氧性强，与空气接触后容易氧化，使热量积聚，可能引起煤炭自燃。同时煤炭含有 7.46% 的水分，影响其氧化，在煤的自热阶段，煤中的水分能充填于煤体微小的孔隙中，把氮气、二氧化碳、甲烷等气体排除，当干燥以后对煤的吸附起活化作用，水分的催化作用随煤温的增高而增大。

表9-1　察哈素3煤煤样抽真空后的全水分变化表

煤样编号	煤样质量/g	全水分/%
原煤-1	3.5819	11.354
原煤-2	3.8734	11.228
1h-1	3.7915	10.960
1h-2	3.6233	10.998
2h-1	3.5477	10.650
2h-2	3.6205	10.753
3h-1	3.5673	10.444
3h-2	3.4858	10.445
4h-1	3.4462	10.433
4h-2	3.6760	10.517
5h-1	3.5505	10.151
5h-2	3.5493	10.179

9.2.3　煤化程度及煤岩组分的影响

煤化程度是影响煤自热自燃的重要因素。煤化程度的影响表现在：煤炭自燃倾向性随着煤的变质程度增高而降低，挥发分越高，煤炭自燃性就越高。一般来讲，褐煤易于自燃，烟煤中长焰煤最为危险，贫煤及挥发分含量在12%以下的无烟煤则难以自燃。当然煤的变质程度是影响煤自燃的重要因素，但不是唯一因素。因为变质程度相同的煤，也有不发生自燃的。

随着煤化程度的增大，结构单元中芳香环数增加，结构致密，使得气态氧较活泼的侧链和含氧官能团减少甚至消失，煤的抗氧化能力增强。据统计，中国北方55个煤田或矿区中，由中低变质煤构成的煤田火灾占90%。

不同的煤岩组分，吸附氧的能力不同，氧化性也不同。丝炭具有较大的孔隙性，吸附氧的能力最强，但氧化性最低，而镜煤的氧化性最高。因此，薄层状的丝炭与镜煤条带共存时，煤层极易自燃，因为丝炭能吸附足够的氧，并传递给邻近的镜煤，增加了煤的自燃倾向性。

在察哈素煤矿31303工作面采集煤样进行了煤化程度的镜质体反射率测试。镜质体主要是由芳香稠环化合物组成，随着煤化程度的增大，芳香结构的缩合程度也加大，这就使得镜质体的反射率增大。测定结果见表9-2、表9-3。按照

《镜质体反射率的煤化程度分级》（MT/T 1158—2011），镜质体反射率处于 $0.50\% \leqslant R_{max} < 0.65\%$ 时，属于中级煤 I 。察哈素煤矿地质资料显示，3 煤层以不黏煤（BN31）为主，长焰煤零星分布。

表 9-2　镜质体反射率测定数据表

序号	反射率	序号	反射率
0	0.58	26	0.53
1	0.5	27	0.68
2	0.57	28	0.56
3	0.51	29	0.45
4	0.63	30	0.63
5	0.54	31	0.48
6	0.48	32	0.4
7	0.48	33	0.31
8	0.55	34	0.44
9	0.62	35	0.53
10	0.49	36	0.49
11	0.55	37	0.48
12	0.53	38	0.5
13	0.43	39	0.44
14	0.46	40	0.45
15	0.45	41	0.71
16	0.58	42	0.38
17	0.42	43	0.62
18	0.44	44	0.44
19	0.52	45	0.47
20	0.37	46	0.37
21	0.47	47	0.44
22	0.53	48	0.37
23	0.57	49	0.46
24	0.57	50	0.53
25	0.41		

表9-3 镜质体反射率检测结果

实验室样品编号：察哈素煤样 送样编号： 采样地点：31303 反射率类型：R_{ran} 送样单位： 送样者：			室温：23 ℃ 浸油折射指数（Ne）：1.5180 标准物质名称： 测定对象： 均质镜质体、 基质镜质体
反射率/%	测点数	频率/%	测值分布频率直方图
0.30～0.40	6	12	
0.40～0.50	21	41	
0.50～0.60	18	35	
0.60～0.70	5	10	
0.70～0.80	1	2	
0.80～0.90	0	0	
0.90～1.00	0	0	

总测点数：51

反射率的平均值和标准差：$R_{ran} = 0.50\%$，$S = 0.083\%$

煤的着火点高低主要与煤化程度有关。一般规律是挥发分越高的煤，着火点越低。所以从不同煤化程度的煤来看，以泥炭的燃点最低，其次是褐煤和烟煤，无烟煤的燃点最高。在烟煤中以煤化程度最低的长焰煤和不黏煤的燃点为低，其次是气煤、肥煤和焦煤，瘦煤和贫煤的燃点最高。各牌号煤的燃点范围见表9-4。

表9-4 各牌号煤的燃点

煤种	燃点/℃	煤种	燃点/℃
褐煤	270～310	肥煤	320～360
长焰煤	275～320	焦煤	350～370
不黏煤	280～305	瘦煤	350～380
弱黏煤	310～305	贫煤	360～385
气煤	300～350	无烟煤	370～420

表9-5列出了我国主要动力用煤的着火点。可以看出，不同牌号的煤着火点有明显的差别。即使同一牌号的，也由于变质程度不同、矿物质含量多少，而致着火点也有相当差别。

表9-5 我国主要动力煤着火点数据表

局、矿	牌号	着火点/℃	W^f/%	A^g/%	V^r/%
舒兰	褐煤	302~314	5~11	27~42	52~55
元宝山	褐煤	268~275	3~9	16~36	37~40
淮南	气煤	322~336	2~3	21~34	35~38
营城	长焰煤	275~285	4~9	15~40	41~46
大同	弱黏煤	319~349	1~5	5~10	28~34
西山	贫煤	358~382	0.5~1.3	12~29	14~17
萌营	无烟煤	367~393	1~2.5	7~29	8~12
北京	无烟煤	388~415	1~3	14~28	5~7.7

9.2.4 煤岩组分的物化性质对煤自燃的影响

由于成煤物质及其所处的成煤地质条件不同，煤炭在形成过程中形成了以镜质组（vitrinite）、惰质组（inertinite）和壳质组（exitine）三种显微组分为主的煤岩有机显微组分，不同显微组分的相对含量和性质决定了所组成煤种的性质和热化学特性。

煤作为一种有机岩石，用肉眼或在显微镜下，可以看出它在组成、结构和物理性质方面具有不同的特点和差异，据此可将煤划分出许多岩石类型。用肉眼观察时所做的划分称为宏观煤岩类型，在显微镜下观察时所作的划分称为显微煤岩类型。表9-6列出了腐植煤的宏观煤岩类型及其重要的特征。

表9-6 腐植煤的煤岩类型及特征

煤岩类型	肉眼可识别的特征
镜煤	光亮，黑色，一般很脆，长具裂隙
亮煤	半亮，黑色，极薄层状
暗煤	光泽暗淡，黑色或灰黑色，坚硬，表明粗糙
丝煤	丝绢光泽，灰黑色，纤维状，软，极易碎

根据煤的成因和工艺性质的不同，显微煤岩类型大致可分为镜质组、壳质组（稳定组）和惰质组3类。通过显微镜的观察，腐植煤的4种宏观煤岩类型是由3种显微煤岩组分以不同的比例组合而成的。

鄂尔多斯盆地的不黏煤—弱黏煤的宏观类型为半亮煤和半暗煤，宏观煤岩成分有丝炭。暗煤和亮煤，呈条状、线理状；煤的燃点低、燃烧时不融熔，不膨胀，脆度小，易风化。煤的显微组分中，镜质组含量在35%～50%之间，除了基质镜质体还有较多结构镜质体，植物的木质纤维保存较好；惰质组含量高达40%～50%，主要是粗粒体、丝质体和半丝质体；壳质组小于5%；光性介于镜质组和惰质组之间的过渡组分最高可达30%，这是弱黏煤—不黏煤的特点，他们与基质镜质体共生，呈棉絮状、云朵状杂乱分布。

相关研究表明，煤的自燃与煤的岩相组成有很大关系。各岩相组分的氧化趋势依下列顺序递减：镜煤、亮煤、暗煤、丝炭，即镜煤最易氧化而丝炭最难氧化。但是丝炭在低温下能吸附大量的氧，由于吸附氧时有热量放出，所以有丝炭聚集的地方，会引起温度的提高。当温度提高时，固体吸附能力虽然降低，但是氧化速度加快。不同煤岩组分对煤的自燃倾向程度影响不同，这主要是其具有不同的物化性质造成的。

不同煤岩组分煤的着火温度不同，体现了煤不同的自燃倾向。镜煤的着火温度低，临界温度低，低温氧化放热速度快，腐殖酸含量高，氧化后再生腐殖酸的含量高，氧化分解气体产率高，自由基浓度生成速度大。说明镜煤的自燃倾向性大，丝炭的自燃倾向性小。壳质组的着火温度高，自燃倾向性低。但是煤温较高时，发生强烈热解反应。

显微组分着火点分析见表9-7，通过煤岩成分着火点实验结果看，镜煤着火点为290℃。而丝炭的着火点在350℃，煤的着火点随着惰性组的增加，着火温度逐渐增高。

表9-7　神府煤田不同类型煤岩组成及其着火点

煤 岩 类 型		镜质组/%	壳质组/%	丝质组/%	着火温/℃
神府煤	镜煤	92	0	8	290
	亮煤	72	1	27	304
	半亮煤	53	2	45	314
	半暗煤	40	0	60	330
	暗煤	30	3	67	352
	丝炭	6	0	94	350
	木炭	0	0	0	346

镜质组的着火温度较惰性组的着火温度低，自燃倾向性较高，镜煤较丝炭的着火温度低，自燃倾向性较高。察哈素煤矿 3 号煤层显微组分镜质组煤达到60.6%（见表 9-8），因此镜质组是该煤层易自燃发生的主导因素。

表 9-8　察哈素煤矿 3 号煤层显微组分含量（无矿物基）　　　　%

组分	镜质组（60.6）			惰质组（35.7）			壳质组（3.7）
	基质镜质体	均质镜质体	其他	半丝质体	丝质体	其他	壳质组
含量	25.6	15.0	20.0	23.8	7.5	4.4	3.7

煤氧复合作用在煤的外表面和内部孔隙中同时发生，包括煤对氧的物理吸附、化学吸附和化学反应。

煤中的显微组分是由古代植物的不同组成部分生成，或在成煤过程中所受不同的地质作用，使它们的结构及物化性质呈现出较大的差异。将保留有完整细胞结构的丝质体与镜质体做一简单的对比。镜质组和丝质组都具有大量不规则孔隙，呈小碎片状；镜下观察到很多结构完整的丝质体，均由植物的木质纤维组织在泥炭沼泽中经过强烈氧化或火焚而形成，植物细胞结构得以较完整保存；在成煤植物埋藏过程中未遭受强烈的矿化，大部分呈现疏松多孔状，进而有利于氧气流通。丝质体中的孔隙结构相对于镜质体，表现为特大孔隙，从而决定了空气是否能够容易地进入煤中的反应性空位，以及能否有效增加表面积，进而在煤自燃的过程中起支配作用。然而，镜质组、惰质组吸附氧的能力都很强，尤以惰质组吸附氧的能力最强。

显微组分定量统计结果可以表明，延安组煤具有较高含量的镜质组和惰性组，同时惰质组由丝质体、半丝质体构成，而镜质组和丝质组本身孔隙发育，因此导致煤层具有较强的自燃性能，与本矿区煤容易自燃的实际情况相吻合。在温度低的时候，丝质体对氧气的吸附能力可能会更强，而且丝炭中大的孔隙可给其他组分的燃烧起到提供氧气通道的作用；因此，丝质体在煤自燃的过程中对氧的吸附和疏通起到一定的主导控制作用。

显微组分对煤自燃影响概括如下：①煤样的镜质组含量高，其着火点低，自燃倾向性高，是煤自燃的直接重要影响因素；②煤样的惰质组以丝质体与半丝质体为主，其在低温吸氧能力较强，并放出热量，更有利于煤的自燃；③惰性组具有较多的孔隙，吸附性强于镜质组，在煤自燃的过程中对氧的吸附和扩散起到重要支配作用。

9.2.5 煤中空隙特性对自燃的影响

煤体中存在着十分发达的孔隙和裂隙，孔隙度越大，煤的比表面积越大，越容易吸附氧。煤体在氧化放热的同时向周围散热，散热量与导热系数密切相关，煤体越松散，导热系数越小，煤体蓄热性越好。因此，煤的孔隙度越大，自燃倾向性越高。

实验室测试结果表明，察哈素煤矿 3 号不黏煤氧化过程中不同孔径孔隙体积分布以大孔、中孔和过渡孔为主。由表 9-9 可知不同目数的煤在 25~100 ℃ 的氧化过程中，大孔及过渡孔占的比例较大，而在 200~350 ℃ 的氧化过程中，大孔及中孔占的比例逐渐增大，占主导地位，过渡孔所占比例逐渐减小。

表9-9 氧化过程中不同孔径、不同温度条件下孔隙分布特征

煤样类型	孔隙类型	温度/℃				
		25	100	200	300	350
7~16 目煤样孔隙体积分布特征/%	大孔	37.1	30.6	52.2	31.4	47.5
	中孔	27.4	27.6	20.83	40.41	28.32
	过渡孔	32	38	25.15	24.39	20.9
	微孔	3.5	3.85	1.82	3.76	3.23
16~18 目煤样孔隙体积分布特征/%	大孔	49	42.1	60	38.8	48.7
	中孔	17.6	22.77	19.81	35	27.8
	过渡孔	30.6	31.96	19.08	22.8	20.5
	微孔	2.82	3.16	1.13	3.45	2.97

由表 9-9 可知其中大孔所占比例在 200 ℃ 时达到最高，7~16 目和 16~18 目煤样分别为 52.2%、60%；中孔所占比例在 300 ℃ 时达到最高，7~16 目和 16~18 目煤样分别为 40.41%、35%；过渡孔所占比例在 100 ℃ 时达到最高，7~16 目和 16~18 目煤样分别为 38%、31.96%；微孔比例随温度升高无明显变化。在 25 ℃ 升温至 100 ℃ 过程中，过渡孔比例略有增加；在 100 ℃ 升温至 200 ℃ 过程中，大孔所占比例明显增加，中孔、过渡孔所占比例减少，说明在此升温过程中，煤样中孔及过渡孔增大生成大孔；而在 200 ℃ 升温至 300 ℃ 过程中，中孔所占比例增加，大孔比例减少，表明在此过程中产生大量新中孔；在 300 ℃ 升温至 350 ℃ 过程中，大孔比例增加，中孔、过渡孔比例减小，表明在不断生成新孔

隙的过程中，原有中孔及过渡孔大量扩大为大孔。

上述结果表明原煤在经历了氧化过程后，由于煤剧烈的氧化反应产生了大量气体，这些气体的逸出，一方面使得原有开孔进一步扩大，另一方面也产生了许多新的孔隙。

孔隙与表面积的百分比（亦称为孔隙比表面积分布）是指不同孔隙直径的孔，即微孔、过渡孔、中孔及大孔的比表面积占试样总孔隙比表面积的比例。升温氧化过程中不同孔径孔隙比表面积随温度的值见表9-10。可知，不同目数的煤样，微孔和过渡孔是组成煤比表面积的主要孔隙，而中孔及大孔占的比例却很少，在300℃之前，过渡孔比表面积比例逐渐上升、微孔比表面积比例逐渐下降，在此过程中微孔不断生成过渡孔。至300℃后过渡孔比表面积比例下降、微孔比表面积上升，说明此时生成大量新微孔，生成新微孔的速度要大于微孔转变为过渡孔的速度。这说明在升温氧化过程中产生气体等因素影响下，不仅使得煤原有孔隙扩大，而且产生了大量新孔隙。但无论是原有孔隙的扩大，还是新孔隙的产生，其最后孔隙的组成中，微孔和过渡孔仍然是孔隙体系的主要组成部分。换言之，无论是原煤还是经过不同温度氧化以后的固体产物，微孔和过渡孔的体积比较小。但是有较大的内表面积，是构成煤比表面积的主要部分，但不是构成煤孔隙体积的主要组成部分。

表9-10　氧化过程中不同孔径、不同温度条件下孔隙比表面积

煤样类型	孔隙类型	温度/℃				
		25	100	200	300	350
7~16目煤样比表面积分布特征/%	大孔	0.0586	0.0629	0.166	0.0523	0.15
	中孔	3.25	2.76	5.58	4.44	4.11
	过渡孔	77	80.5	80.6	68.6	70.1
	微孔	19.7	16.7	13.6	26.9	25.6
16~18目煤样比表面积分布特征/%	大孔	0.0835	0.0747	0.227	0.054	0.132
	中孔	3.54	2.65	7.16	4.08	4.1
	过渡孔	75.9	80.9	80.5	69.6	71.2
	微孔	20.5	16.4	12.2	26.3	24.6

同时对3号煤层不同粒度煤样的吸氧量进行实验测试，由表9-11可知，粒度区间在 3.35~0.25 mm/g 时，平均吸氧量为 0.9677~1.2922 cm³/g，增幅较

小，随着粒原的进一步增大，70~80 目粒度为 0.18~0.212 mm/g 时，相较于 33~60 目，其平均吸氧量反而有所降低，变为 1.2492 cm³/g。因此，煤样粒度对吸氧量的影响不大，而且随粒度增大，吸氧量不会无限增大，存在一个最大临界值。

表 9-11　3 号煤层不同粒度煤样吸氧量测试数据

分　　组	质量/ g	实管面积/ (μv · sec)	空管面积/ (μv · sec)	吸氧量/ (cm³ · g⁻¹)	平均吸氧量/ (cm³ · g⁻¹)
6~7 目(2.80~3.35 mm)	1	209814	232211	0.9676	0.9677
	1	206976	228644	0.9678	
7~16 目(1.18~2.80 mm)	1	215849	238398	1.0487	1.0331
	1	213227	236448	1.0175	
16~18 目(1.00~1.18 mm)	1	213849	231869	1.1200	1.1380
	1	210357	225310	1.1569	
35~60 目(0.25~0.50 mm)	1	223655	233615	1.3482	1.2922
	1	216658	229820	1.2361	
70~80 目(0.18~0.212 mm)	1	226041	240520	1.2768	1.2492
	1	210692	222580	1.2216	

9.2.6　瓦斯含量对自燃的影响

瓦斯或其他气体含量较高的煤，由于内表面受到隔离，氧化性能较低，可使煤的自燃潜伏期延长。所以瓦斯含量较高的煤往往难以自燃。但是随着瓦斯的放散，其自燃性能将会提高，采出的煤仍会发生自燃。

煤中的瓦斯能延缓煤的氧化过程，其原理是：煤在采落后仍继续向外释放瓦斯，释放的瓦斯阻碍了氧气进入煤的空隙，而且外排的瓦斯流削弱并取代了氧在煤中的扩散，停止了瓦斯和氧气之间的互渗过程。同时，由于瓦斯的存在，降低了煤层孔隙中的氧气浓度。

高强度的采空区瓦斯涌出能够抑制煤氧化自燃和延缓自燃温度升高，在一定程度上，瓦斯对自燃起到了抑制作用。瓦斯涌出源在采空区形成瓦斯涌出压力，采空区瓦斯涌出压力与工作面漏风产生一个压力平衡；采空区瓦斯涌出能够抑制工作面向采空区的漏风。采空区瓦斯涌出强度与工作面向采空区的漏入风量和采空区向工作面的瓦斯绝对涌出量之间呈线性关系。

9.3　31303 工作面采空区"三带"分布数值模拟

9.3.1　采空区煤炭氧化自燃"三带"划分方法

根据煤自燃的基本条件，采空区煤炭氧化自燃区域大体可划分为三个带，即采空区煤炭氧化自燃"三带"——散热带、自燃带和窒息带（图9-2）。

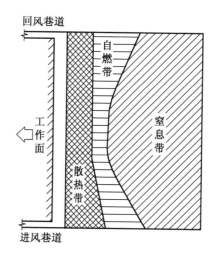

图9-2　采空区氧化自燃"三带"示意图

（1）散热带。这一带氧气充足，漏风流速大，有氧化、无蓄热条件，氧化热量被漏风带走。

（2）自燃带。由于采空区上覆岩层的冒落与逐渐压实，采空区漏风减少，这时既有充足的供氧条件，又有良好的蓄热环境，故煤炭最易于自燃。

（3）窒息带。在自燃带之后，采空区冒落的岩石不断被压实，漏风微弱氧气浓度下降到8%～10%以下的窒息浓度。在自燃带已自燃的煤炭到了窒息带也因氧气浓度的减少而窒息熄灭。

"三带"是客观存在的，但如何划分具有一定的困难。由于探测手段和方法的局限，想要准确定量地划分是难以做到的。目前，一些研究者提出确定划分"三带"的指标有漏风风速（v）、采空区氧浓度和升温速率3种。

划分自燃"三带"通常有三种标准，即以采空区内的漏风风速、氧气浓度和升温率来划分。

（1）根据测点的升温特征划分。在采空区某区域升温率（K）大，反映了该区域危险性大，根据升温率 K 这一指标，可以圈划出可能自燃氧化带宽度。以升温率（K）可能出现大于等于 1 ℃/d 的区域作为划分标准，但目前应用不是很广泛。

（2）按照采空区内漏风风速划分。散热不自燃带内采空区内漏风风速大于 0.24 m/min；可能自燃带内采空区漏风风速在 0.24 ~ 0.1 m/min 之间；窒息带漏风风速小于 0.1 m/min。

（3）按照氧气浓度划分。散热带，氧气浓度大于 18%；可能自燃带（也称自燃带），氧气浓度在 18% ~ 8% 之间；窒息带，氧气浓度低于 8%。

考虑到 31303 工作面的推进速度快，采空区浮煤还没有足够的氧化时间，氧气浓度随工作面的推进，变化并不明显。因此，本章主要采用专业的流体力学模拟软件 FLUENT 对 31303 工作面采空区进行流场模拟，并根据采空区内漏风风速划分指标来确定 31303 工作面采空区"三带"的位置及范围。

9.3.2 数学物理模型

1. 数学模型方程

因为综采工作面和采空区的物理条件非常复杂，影响因素繁多，为便于研究，所以做以下假设：

（1）采空区内煤炭、冒落岩石与空气等混合物视为各向同性的多孔介质层；

（2）忽略工作面巷道内的设备、管线的影响；

（3）不考虑各巷道沿倾斜或者走向的坡度变化；

（4）在气流中不存在热源、热汇，气流各组分之间没有化学反应；

（5）黏性阻力系数和内部阻力系数在采高方向不发生变化。

2. 数学模型

（1）连续性方程。根据质量守恒原理直接可以得到连续性方程为

$$\frac{\partial u_i}{\partial x} + \frac{\partial u_j}{\partial y} + \frac{\partial u_k}{\partial z} = 0 \qquad (9-1)$$

其中，u_i、u_j、u_k 为单元体的平均流速，为单元体的表面速度，也就是单元体的平均速度；它和孔隙中的平均流速 v_i 的关系为

$$u_i = v_i \times n \qquad (9-2)$$

其中 n 为孔隙度（孔隙率）。

（2）动量方程的建立。在惯性（非加速）坐标系中 i 方向上的动量守恒方程为

$$\frac{\partial(\rho_j u_i)}{\partial t} + \frac{\partial}{\partial x_j}(\rho_j u_i \mu_j) = -\frac{\partial p}{\partial x_i} + \frac{\partial \tau_{ij}}{\partial x_j} + F_i \tag{9-3}$$

式中　　p——静压；

　　　　τ_{ij}——应力张量。

且应力张量由下式给出：

$$\tau_{ij} = \left[\mu\left(\frac{\partial u_i}{\partial x_j} + \frac{\partial u_j}{\partial x_i}\right)\right] - \frac{2}{3}\mu\frac{\partial u_l}{\partial x_l}\delta_{ij} \tag{9-4}$$

（3）组分气体浓度方程。在松散煤体中的氧浓度方程为

$$\frac{\partial(n\rho_i Y_i)}{\partial t} + \frac{\partial(\rho_i u Y_i)}{\partial x} + \frac{\partial(\rho_i v Y_i)}{\partial y} + \frac{\partial(\rho_i w Y_i)}{\partial z}$$

$$= \frac{\partial}{\partial x}\left(n\rho_i D\frac{\partial Y_i}{\partial x}\right) + \frac{\partial}{\partial y}\left(n\rho_i D\frac{\partial Y_i}{\partial y}\right) + \frac{\partial}{\partial z}\left(n\rho_i D\frac{\partial w}{\partial z}\right) + S_i \tag{9-5}$$

式中　　Y_i——氧气等待计算浓度气体组分的质量分数（某种化学组分 M 的质量分数可以定义为：在一定容积内所包含的组分 M 的质量与相同容积内所包含的很合物的总质量之比）；

　　　　ρ_i——氧气等待计算浓度气体的密度；

　　　　S_i——源项，$i = 1$，2 [$S_1 = 0$，为计算瓦斯浓度时的源项；$S_2 = W(O_2)$，为计算氧气浓度时的源项，表示耗氧速度]。

（4）能量方程的建立。能量守恒定律是包含有热交换的流动系统必须满足的基本定律。该定律可表述为：微元体中能量的增加率等于进入微元体的净热流量加上体力与面力对微元体所做的功。

$$\frac{\partial}{\partial t}\left[n\rho_f c_f T + (1-n)\rho_s c_s T\right] + \nabla \cdot \left[\bar{v}(\rho_f c_f u T)\right] = \nabla k_{eff}\nabla T + S_h \tag{9-6}$$

S_h 包含化学反应放热（吸热）以及任何其他由用户定义的体积热源。本书中为煤炭的氧化发热量（W/m³）：

$$S_h = \eta\frac{2(b_1 + \beta b_2)}{1 + 2\beta} \cdot r \tag{9-7}$$

式中　　η——流场几何因素系数，$\eta < 1$，本书选取 0.8；

　　　　b_1、b_2——煤氧化在平衡状态下生成 CO 和 CO_2 时的氧化热，J/mol；

　　　　β——氧化生成的生成 CO 和 CO_2 的比例值，它与氧浓度有直接关系，根据现场实测确定取 5～16，本文中取 $\beta = 10$；

　　　　r——单位体积内碎煤的耗氧速度，kg/（s·m³）。

采空区是由煤炭、冒落岩石等组成的混合物，根据阿累尼乌斯提出的氧化速

度方程可以得到采空区煤炭的氧化反应速度为

$$r = \frac{c}{c_0} \cdot \gamma_0 \cdot e^{b_0 T} \qquad (9-8)$$

式中　c——松散煤体中的实际氧浓度，mol/m^3；

c_0——新鲜风流的氧浓度，mol/m^3；

γ_0——煤耗氧速度的待定系数，$mol/(m^3 \cdot h)$，由现场氧浓度观测资料反求获得；

b_0——实验常数；

T——松散煤体的实际温度，K。

9.3.3　求解工具与方法

采用美国 Ansys 公司推出的 Fluent 软件进行上述数学模型的求解。该软件适用于对具有复杂外形的流体流动与传热问题的模拟，在航天、机械、电子、汽车工业、材料处理、建筑设计和火灾研究以及暖通空调等领域都得到了广泛的应用。其基本程序结构如图9-3所示。

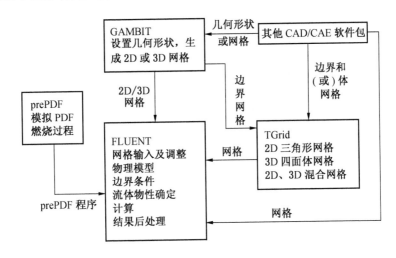

图9-3　Fluent 基本程序结构

9.3.4　物理模型与网格划分

1）物理模型

研究过程中，根据察哈素矿 31303 工作面的有关参数，选择靠近工作面进、回风侧 30 m 巷道和工作面及采空区组成计算物理模型，相关巷道空间位置如图 9 - 4 所示。

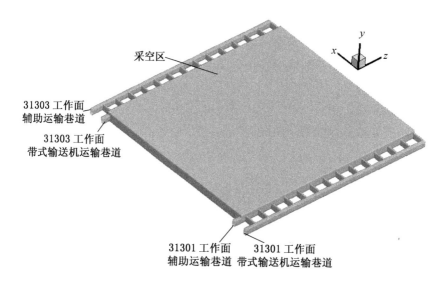

图 9 - 4　计算物理模型

2）网格划分

采用 CFD 网格划分软件 Gambit2.4.6 进行网格划分，网格数目为 253880，如图 9 - 5 所示。

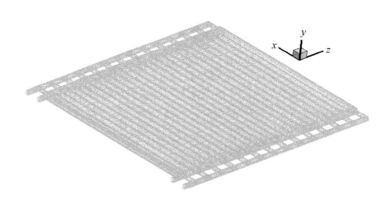

图 9 - 5　网格划分情况

9.3.5　计算结果及分析

　　根据现场实测结果，按照采空区氧气浓度来划分自燃"三带"范围，以及采空区氧气浓度来划分的自燃"三带"范围一般依据（散热不燃带的氧气浓度为大于18%；可能自燃带的氧气浓度为8%～18%；窒息带的氧气浓度为小于8%），31303工作面进风侧采空区散热带边界为150.5～182 m，窒息带边界为220.6～274.6 m，二者之间为自燃带；回风侧采空区散热带边界为163.7～212 m，窒息带边界为258.3～263 m，二者之间为自燃带。

　　从现场实测得知，在实测期间，工作面平均供风量约为2500 m³/min（进风巷入口流速为2.315 m/s），因此给定表9-12所示计算条件，计算结果如图9-6所示。

表9-12　计算边界条件

名　称	处理方法	名　称	处理方法
进风巷流量	$v_{in} = 2800\ \text{m}^3/\text{min}$	回风巷道出口边界	按照压力出口条件处理
湍流动能	$k_{in} = (0.5\% \sim 5\%) \times \dfrac{1}{2} v_{in}^2$	壁面边界	壁面函数
湍流动能耗散	$\varepsilon_{in} = c_D k^{3/2}/D$		

注：D 为特征尺寸，计算中取进风顺槽入口截面水力直径。

　　从图9-6a可以看出，按照氧气浓度划分三带，在工作面进风侧，散热带为工作面后小于约182 m区域，自燃带为182～223 m区域，窒息带为223 m以后区域；在回风侧，散热带范围为工作面后小于约191 m区域，自燃带为191～257 m区域，窒息带为257 m以后区域。该模拟结果中散热带、窒息带边界在进风侧实测范围内或者非常接近，其绝对误差小于3 m。

　　观察图9-6b，按照漏风风速划分三带，进风侧散热带范围为工作面后小于约112 m区域，自燃带约为112～150 m区域，窒息带为150 m以后区域；在回风侧，散热带范围为工作面后小于199 m区域，自燃带为199～267 m区域，窒息带为267 m以后区域。

　　根据上述对三带划分方法的理论分析，综合采空区氧气浓度和漏风风速两个判据的数值模拟结果，认为该工作面采空区三带分布确定见表9-13。因此，采空区在回风侧和进风侧的自燃带宽度分别为76 m和112 m。

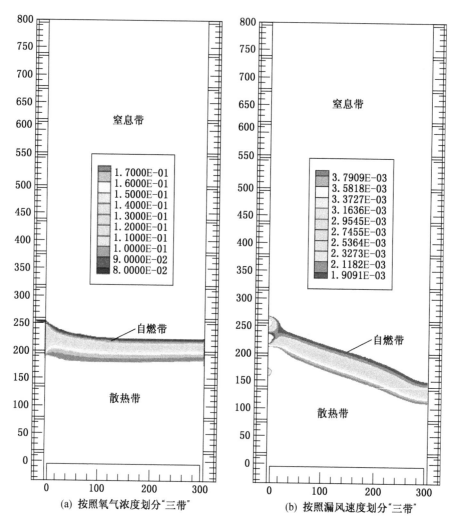

(a) 按照氧气浓度划分"三带"　　(b) 按照漏风速度划分"三带"

图9-6　实测工况条件下"三带"分布模拟结果

表9-13　采空区"三带"划分

m

类　别	按氧气浓度划分		按漏风风速划分		综合判据划分	
	回风侧	进风侧	回风侧	进风侧	回风侧	进风侧
散热带	<191	<182	<199	<112	<191	<112
自燃带	191~257	182~223	199~267	112~150	191~267	112~223
窒息带	>257	>223	>267	>150	>267	>223

为更加全面和深入地研究采空区三带的变化规律，作者研究了当工作面供风量发生变化时，采空区三带分布的情况。研究过程中，对进风巷供风量为 1500 m³/min、2000 m³/min 和 3500 m³/min 等工况进行了模拟计算，图 9 – 7 ~ 图 9 – 9 分别给出了相应的三带模拟结果。可以看出，随着供风量增大，自燃带向采空区深部移动，自燃带宽度也随之增大。

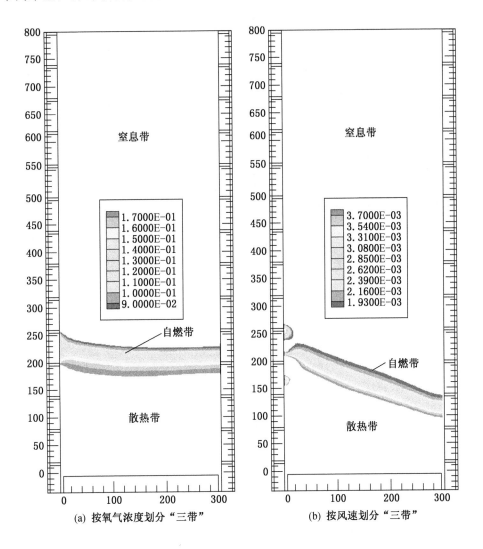

(a) 按氧气浓度划分"三带"　　(b) 按风速划分"三带"

图 9-7　进风巷供风量为 1500 m³/min

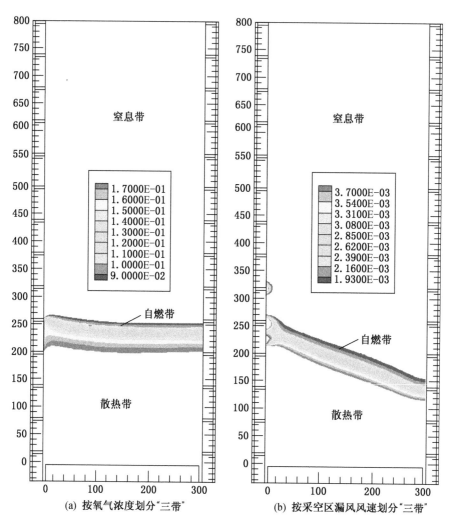

(a) 按氧气浓度划分"三带"   (b) 按采空区漏风风速划分"三带"

图9-8 进风巷供风量为2000 m³/min

9.3.6 密闭严格封闭工况条件下模拟分析

本节针对密闭严格封闭工况条件下的工况，计算了不同风量条件下31303工作面及采空区的空气流场、氧气浓度场、采空区"三带"分布情况。实际上，若所有联络巷都能实现严格封闭，计算采用的物理模型与"U"形通风工作计算条件相同，见表9-14。图9-10、图9-11分别给出了两种风量条件下采空区"三带"的分布图。

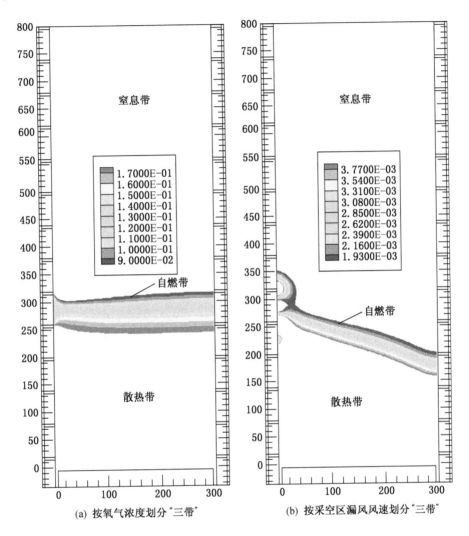

(a) 按氧气浓度划分"三带"　　(b) 按采空区漏风风速划分"三带"

图 9-9　进风巷供风量为 3500 m³/min

表 9-14　计 算 边 界 条 件

名　　称	处 理 方 法	名　　称	处 理 方 法
进风巷入口流量	$v_{in} = 2500 \text{ m}^3/\text{min}$ 或 $v_{in} = 3500 \text{ m}^3/\text{min}$	回风巷道出口边界	按照压力出口条件处理
湍流动能	$k_{in} = (0.5\% \sim 5\%) \times \frac{1}{2} v_{in}^2$	壁面边界	壁面函数
湍流动能耗散	$\varepsilon_{in} = c_D k^{3/2}/D$		

注：D 为特征尺寸，计算中取进风巷道入口截面水力直径。

图 9-10　联巷封闭严密情况下工作面等效物理模型

从图 9-10、图 9-11 可以看出，采空区氧浓度在进风侧比较高，在回风侧相对较低。风量增大以后，氧气浓度为 8% ~ 18%，区域范围在进、回风侧范围明显增大，并且向采空区深处移动；采空区滤流速度为 0.1 ~ 0.24 m/min，区域范围在进、回风侧明显增大，并且向远离工作面方向移动。观察按照氧气浓度、采空区滤流速度划分的三带范围，已经距离工作面较远。采用两种标准，自燃带宽度、位置差异明显，应将两种划分标准的结果结合起来，以减小自燃威胁。

对比联络巷严格密闭和 9.3.5 的计算结果，可以看出，联络巷密闭不严、漏风严重的现状带来了自燃带深入采空区的距离增大、范围增加。显然采空区漏风现象比较严重，为采空区深处发生自燃提供了条件，增大了发生自燃的危险系数。

根据矿方提供的工作面作业规程，31303 工作面采用自然垮落法管理采空区顶板。观察实测自燃带分布数据和数值模拟结果。可以发现，31303 工作面采空区散热带宽度较大，自燃带进入采空区的位置较深，除了联络巷封堵不严、漏风的原因外，还有采空区煤岩垮落、压的不实，造成采空区煤岩空洞、孔隙较多，为采空区漏风、漏入空气深入采空区深部提供了条件，也为自燃防治创造了难题。因此必须将采空区封堵漏风（包括联络巷密闭封堵）作为防治煤炭自燃的重要举措，并严格实施。

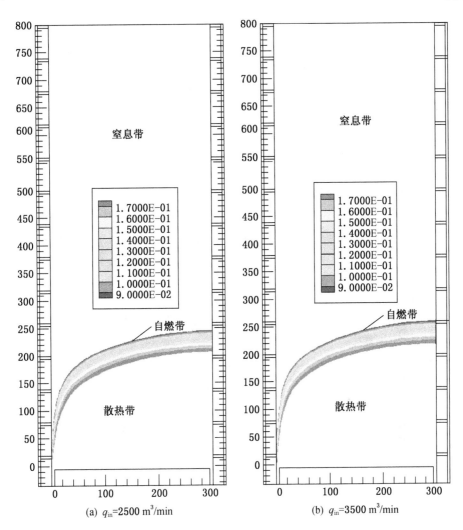

图 9-11　根据采空区氧气浓度划分"三带"

9.4　31303 工作面防灭火措施及其评价

9.4.1　氮气防灭火及其参数选择

1. 氮气防灭火原理

氮气是一种无色、无味、无嗅、无毒的气体。由于氮气分子结构稳定，其化学性质相对稳定，在常温、常压条件下氮气很难与其他物质发生化学反应，所以它是一种良好的惰性气体，随着空气中氮气含量的增加，氧气含量必然降低。据有关资料介绍，当氧气含量低到8%～10%时，可抑制煤炭的氧化自燃；氧气含量降至8%以下时，可以完全抑制煤炭等可燃物的自燃与复燃。

基于上述氮气的性质及煤的氧化机理，向综采面采空区及遗煤带注入氮气，使其渗入到采空区冒落区、裂隙带及遗煤带，降低这些区域的氧含量，形成氮气惰化带，从而达到抑制采空区自燃和安全开采的目的。

具体地说，氮气的防灭火作用和特点是：

（1）氮气可以充满任何形状的空间并将氧气排挤出去，从而使火区中因氧含量不足而将火源熄灭，或者使采空区中因氧含量不足而使遗煤不能氧化自燃。

（2）在有瓦斯和火存在的气体爆炸危险区内，注入氮气能使可燃性气体失去爆炸性。

（3）向采空区或火区中大量注入氮气后，可以使其呈现正压状态，致使新鲜空气难以漏入。

（4）在氮气灭火过程中，不会损坏或污染机械设备和井巷设施，火区启封后，可较快地恢复生产。

（5）氮气防灭火必须与均压和其他堵漏风措施配合应用。否则，如果注入氮气的采空区或火区漏风严重，氮气必然随漏风流失，难以起到防灭火作用。

注氮气支管要预先由进风巷道埋入采空区，前端要连接0.5 m左右的堵头花管，花管倾斜向上指向采空区，并用木垛加以保护，以免堵塞注氮气口。每个氮气释放口均与一根注氮气支管连接，支管的长度取决于采空区自燃危险带与窒息带分界线距工作面的距离，当氮气释放口进入采空区窒息带不需注氮时，应在工作面巷道内将其关闭并切断其与注氮气主管路的联系。每个注氮气支管与主管路之间要用三通连接，若要考察每个支管的注氮气量，还应安装流量计。当工作面推过30 m（即氮气释放口间距）时，埋入下一个注氮气释放口及支管，以此类推。

当一个氮气释放口进入窒息带停止注氮气时，其外部与主管路连接处的三通、控制阀、流量计及一段主管可回收。

2. 采空区氮气量计算

向采空区注氮气的目的，就是要用高浓度的氮气来充满需要惰化的采空区冒落空间，因此，注氮气量与采空区每日冒落空间大小、工作面推进速度等有关。回采工作面采空区每日注氮气量按下式计算：

$$Q = b \times L \times h \times R_1 \times R_2 \times R_3 \qquad (9-9)$$

式中　　Q——日注氮气量，m³；

　　　　b——工作面日进尺，m；

　　　　L——工作面长度，m；

　　　　H——采高，m；

　　　　R_1——采空区冒落矸石松散系数，取 0.8 ~ 0.9；

　　　　R_2——采空区气体置换系数，取 2 ~ 3；

　　　　R_3——工作面推进速度校正系数。

$$R_3 = \frac{C_{max} - C_{min}}{C_{max}}$$

式中　　C_{max}——采空区窒息带与自燃带交界线距工作面的距离，m；

　　　　C_{min}——采空区自燃带距工作面的最短距离，m。

　　察哈素煤矿 31303 工作面长为 300 m，平均月推进度为 312 m，日平均推进度为 10.4 m，工作面平均采高为 5.7 m，计算结果是每日需要注氮 11230 ~ 18952 m³。31303 工作面平均每月注氮量为 764000 m³，平均每天注氮 25466.6 m³，注氮量符合要求。通过注氮，降低了采空区的氧气浓度，工作面没有出现自然发火，保证了工作面的生产安全。

9.4.2　阻化剂及阻化效果分析

　　阻化剂亦称阻氧剂，是具有阻止氧化和防止煤自燃作用的物质。煤矿中常用的阻化剂多为无机盐类化合物，如氯化钙、氯化镁、氯化铵、碳酸氢铵和水玻璃等。

　　1. 阻化原理

　　阻化剂的作用机理是：①增加煤在低温时的化学惰性，或提高煤氧化的活化能；②形成液膜包围煤块和煤的表面裂隙面；③充填煤柱内部裂隙；④增加煤体的蓄水能力；⑤水分蒸发吸热降温。实质是降低煤在低温时的氧化速度，延长煤的自然发火期。

　　2. 阻化材料及工艺

　　1）阻化剂选择要求

　　煤的种类不同，阻化剂的阻化效果也不相同，所需要的阻化剂溶液的最适宜浓度也不一样。选择阻化剂，一般考虑以下几个因素：

　　（1）来源广泛，货源充足，购置方便，价格便宜；

　　（2）阻化率高，阻化寿命长；

　　（3）配置容易，（井下）使用操作方便，工艺过程简单；

（4）对井下设备和金属构件腐蚀性小，对人体无害；

（5）阻化剂的选择和应用。

目前最常用的煤矿防灭火的阻化剂有：氯化钙、氯化镁、氯化铵以及水玻璃等。从目前的应用结果来看，氯化钙、氯化镁、氯化铝、氯化锌等氯化物对褐煤、长焰煤和气煤有较好的阻化效果；水玻璃、氢氧化钙对高硫煤有较高阻化率。

2）阻化方法

应用阻化剂防火的主要方法是：表面喷洒、用钻孔向煤体压注以及利用专用设备向采空区送入雾化阻化剂。压注和喷洒系统有移动式、半固定式和固定式三种。目前察哈素井下工作面采用的方法是直接喷洒阻化剂，每班向采空区上下隅角喷洒 3 袋阻化剂，这种方法快捷、方便，但存在喷洒不均等问题，建议改为阻化气雾喷洒。31303 工作面的实际观测表明：当工作面推进度保证在 10 m/d，即每月推进度 300 m 以上时，采空区没有出现自然发火隐患。因此，当工作面月推进度在 300 m 以上时，可以不使用阻化剂。

3）阻化气雾喷洒工艺及用量

（1）阻化气雾喷洒的工艺过程。在回采工作面回风巷道超前支护外布置一台阻化泵，负担采空区的喷洒工作，刮板输送机的电缆槽下方布置一趟管路，每20 m 安 1 个三通接 1 个截止阀，阻化泵配一支喷枪，由专人手持喷枪，从支架间隙向采空区喷洒，每间隔5 组支架喷一次，每次喷洒至少 6 min，流量不小于35 L/min。初采前整个工作面喷洒一次，如遇停产、过断层等情况时，必须对采空区加大喷洒频率，正常回采期间每日喷洒一次，工作面收尾期间应加大喷洒频率。阻化汽雾防火工艺系统如图 9 - 12 所示。

（2）阻化剂溶液的浓度及用量。每日喷洒用量计算公式为

$$V = \frac{K_1 \times K_2 \times d \times \gamma \times L \times h \times I}{R} \qquad (9-10)$$

式中 V——日喷雾量，m^3/d；

$\quad K_1$——喷雾加量系数，取 1.2；

$\quad K_2$——每吨遗煤喷洒气雾量为 0.02 m^3/t，阻化剂与水质量比为 1:4；

$\quad d$——工作面采空区丢煤率，% 。煤厚取 7%；

$\quad \gamma$——煤的实体密度，1.33 t/m^3；

$\quad L$——工作面长度，300 m；

$\quad h$——工作面采高，5.7 m；

$\quad I$——工作面日进度，10.4 m；

$\quad R$——气雾转化率，85% 。

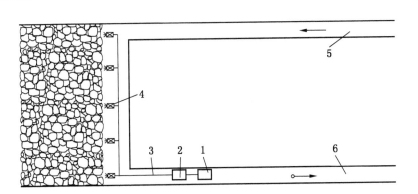

1—储水箱；2—水泵；3—高压胶管；4—雾化器（喷枪）；5—进风顺槽；6—回风巷道

图9-12 阻化气雾防火工艺系统

3. 阻化效果评价

阻化效果是评价阻化剂性能优劣的标准。为了衡量察哈素煤矿井下所选用阻化剂的阻化效果，从矿上所用阻化剂中选取了部分样品，进行了产品成分和阻化率的测定。

1）阻化剂成分

对从察哈素煤矿取得阻化剂样品，进行了红外光谱的测试，测试结果如图9-13、图9-14所示。

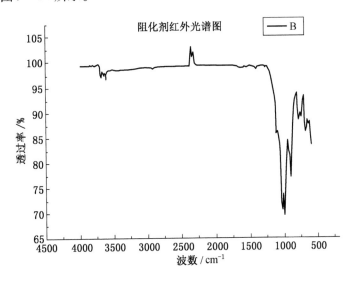

图9-13 阻化剂的红外光谱图

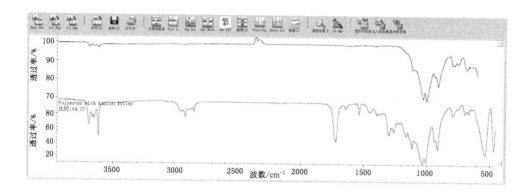

图 9-14　红外光谱对比分析结果

红外光谱测试结果表明，察哈素井下使用的阻化剂是高岭土聚酯类材料。

2）阻化率测定

煤样经阻化处理前后放出一氧化碳的差值与处理前煤样放出一氧化碳之百分比称为阻化率（E），用公式表示如下：

$$E = \frac{A-B}{A} \times 100\% \qquad (9-11)$$

式中　A——煤样阻化处理前在 100 ℃时放出的一氧化碳量；

　　　B——煤样阻化处理后在 100 ℃时放出的一氧化碳量。

阻化剂的阻化率值愈大，则说明阻止煤炭氧化的能力愈强。

在试验之前，把阻化剂经水溶剂，阻化剂浓度取 5%。按照标准要求将煤样加工成 0.35~0.56 mm 的煤粉，进行干燥处理后加入阻化剂，制成阻化剂煤样。经实验室测定，煤样在没有经过阻化处理之前加热到 100 ℃时放出的一氧化碳量为 902×10^{-6}，经阻化处理后 100 ℃时放出的一氧化碳量为 272.5×10^{-6}，其阻化率为

$$E = \frac{A-B}{A} \times 100\% = \frac{902-272.5}{902} \times 100\% = 69.79\%$$

阻化率 E 为 69.79%，大于 40%，符合相关标准要求。

察哈素煤矿 3 号煤层煤比较硬，煤破碎后往往形成一些小块而不破碎，因此，为了更接近于现场的实际情况，在实验室将煤样加工成 1~2 mm 的小块后进行阻化试验。经实验室测定，该煤样在没有经过阻化处理之前加热到 100 ℃时放出的一氧化碳量为 69×10^{-6}，经阻化处理后 100 ℃时放出的一氧化碳量为

23×10^{-6}，则小颗粒煤样阻化率为

$$E = \frac{A-B}{A} \times 100\% = \frac{69-23}{60} \times 100\% = 66.67\%$$

此种情况下，阻化率 E 为 66.67%，大于 40%，同样符合相关标准要求。

9.4.3　特殊情况下的防灭火措施

从目前情况来看，31303 工作面在保持正常推进度（10 m/d），且采取注氮和喷洒阻化剂等措施的情况下，能保证工作面采空区的正常生产。当工作面出现异常情况或者非正常推进的情况下（月推进度小于 100 m），还需要采用其他措施来保证工作面的安全。

1. 减小工作面风量

在满足通风需要的前提下，尽可能减少风量，实行减风降压。合理控制工作面的配风量可以有效减小工作面的内部漏风，从而可以有效地防止自然发火事故的发生。采煤工作面配风量与自然发火密切相关。工作面配风量越大，作用于采空区上下两端的负压越大，工作面的内部漏风量也越大，采空区氧化带的宽度也随着采空区漏风量的增加而增大，采空区遗煤自燃的危险程度也越大。因此，实行低风量通风是预防工作面自然发火的最经济、最有效的措施。在保证工作面及其回风流瓦斯和温度不超限的情况下，应尽可能减小工作面的供风量以减小工作面两端的漏风压差，从而减小内部漏风，为工作面创造较好的防灭火条件。

31303 工作面设计风量为 2500 $\mathrm{m^3/min}$，一旦不能保证正常推进，首先应减小工作面风量，从而减少采空区的漏风量。

1）风量计算的原则

工作面需要的风量应按下列要求分别计算：①按照 31303 工作面同时工作的最多人数计算，每人每分钟供给风量严禁少于 4 $\mathrm{m^3}$；②工作面实际需要风量，必须使该地点的风流中的瓦斯、风速以及温度、每人供给的风量符合规程的有关规定；③按实际需要风量计算风量时，应避免备用风量过大或者过小；④在满足上述要求的前提下，风量尽可能小。

2）推进异常期间工作面风量配备

① 按回采工作面同时作业人数计算风量：

$$Q \geq 4 \times N = 4 \times 80 = 320 (\mathrm{m^3/min})$$

式中　4——每人供风 ≥ 4 $\mathrm{m^3/min}$；

　　　N——工作面人员最多 80 人。

② 按气象条件计算风量，其计算公式为

$$Q_\text{采} = 60 \times v_\text{采} \times S_\text{采} \times k = 60 \times 1.0 \times 5.54 \times 5.53 \times 1.5 = 2757.3\,(\text{m}^3/\text{min})$$

式中　$Q_\text{采}$——工作面需要量，m^3/min；

　　　$v_\text{采}$——采煤工作面风速，m/s；

　　　$S_\text{采}$——采煤工作面的平均有效断面，按最大和最小控顶有效断面的平均值计算，m^2；

　　　k——工作面长度系数，取 1.5。

《煤矿安全规程》规定：采煤工作面风速在 $0.25 \sim 4\ \text{m/s}$ 之间，作业规程计算时按照风速 $1\ \text{m/s}$ 进行计算。采煤工作面的平均有效断面，按最大和最小控顶有效断面的平均值计算。

按照《通风安全学》、《煤矿通风能力核定标准》，当工作面长度超过 $180\ \text{m}$ 时，工作面长度风量系数为 $1.30 \sim 1.40$。由于工作面瓦斯含量小，可考虑按照 1.3 选取，有效断面通风系数取 70%，工作面采高大于 $2.5\ \text{m}$，取系数 1.2。工作面进风流温度 $18\ ℃$，工作面风速取 $0.8\ \text{m/s}$，按照上述公式计算工作面风量为 $1600\ \text{m}^3/\text{min}$。当工作面推进出现异常时，建议工作面风量为 $1600 \sim 1800\ \text{m}^3/\text{min}$。针对正常回采时工作面风量偏大，不利于采空区发火，建议正常回采工作面风量控制在 $2000 \sim 2200\ \text{m}^3/\text{min}$。

2. 实施均压，降低采空区漏风

当工作面推进速度降低时，可以在工作面回风风流中增加均压设施，减少工作面两端的压差，从而降低采空区的漏风量。

均压防灭火技术的实质是：均压防灭火的实质是，利用风窗、风机等调压设施，改变漏风区域的压力分布，降低漏风压差，减少漏风，从而实现控制遗煤自燃、惰化火区，或熄灭火源的目的。

均压技术原理：压力是促使风流流动的动力，由于采空区有漏风风流的存在，必然有漏风风压的作用。为了使经过易燃碎煤堆或遗煤的漏风降低，必须对漏风风压给予调节。具体做法是尽量使漏风区域两侧，即进风巷和回风巷的静压接近相等，从而减少向漏风区域漏风，防止碎煤堆或遗煤的自燃。

均压通风防火技术包括多种方法，且需要的手段较简单，如并联风路"调节风门"调压风机和连通管等，具有工作量小、投资少和收效显著等优点。

根据察哈素煤矿井下通风条件，可以采用用风窗—风机升压装置是提高工作面风压，从而达到减少采空区漏风的目的。

3. 上下隅角封堵

1）上下隅角封堵

为了减少向采空区内漏风，可以通过注胶在上、下隅角处支架后部 $1 \sim 3\ \text{m}$，形成一定范围的胶体隔离带，隔离带的范围根据实际情况确定，要求宽高不小于巷道宽高，厚度不小于 2.5 m，布置图如图 9 – 15 所示。

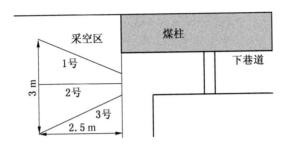

图 9 – 15　上下隅角注胶钻孔布置图

或者利用煤袋墙、沙墙等方法对采空区上下封堵，将上下隅角封严从而达到减少空区漏风，抑制煤炭自然发火的目的。

2）采空区灌注粉煤灰

国电建投内蒙古能源有限公司布连电厂产生有大量的粉煤灰，这些粉煤灰可以用于察哈素煤矿的井下防灭火。目前的做法是埋设 15 m 的充填管对采空区充填粉煤灰，充填管返灰后停止充填。

理论分析研究表明，上述充填方式只是在充填点附近形成了一个充填椎体，并不能对采空区未压实的空间进行有效充填。结合 31301 和 31303 工作面采空区的观测，在工作面采空区的两侧巷道的位置，有长达 250 ~ 300 m 的未压实区域，这些区域距离联巷煤柱不超过 5 ~ 10 m。因此，建议今后充填时每个充填地点埋设 3 个充填管，充填管前端距离联巷煤壁的距离分别为 1 ~ 2 m、4 ~ 6 m 和 5 ~ 8 m。另外，建议进行粉煤灰和水泥混合充填的试验，以进一步提高充填效果。

4. 使用液态或固态 CO_2

煤的燃烧过程实际就是煤的氧化过程，其氧化速度与供氧有关系，也与温度有关系。煤炭自燃往往经历三个阶段：升温氧化阶段、加速升温阶段、急速升温阶段。如直接喷注液态 CO_2 时，可使火源明显降温，加速熄灭火源。液态 CO_2 喷入火区空间会瞬间气化，体积将膨胀 450 ~ 640 倍，需要吸收大量热，温度急剧下降到。液态 CO_2 蒸发气化需要吸收 577.8×10^3 J/kg 的热量。加之煤对 CO_2 极易吸附特点，在吸附过程中将吸附热转移给 CO_2 气体，从而会遏制燃烧的连锁反应。同时扩散采空区内的 CO_2 气体也会吸收氧化反应过程中所产生的热量，降低周围介质的温度，以减缓煤的升温速度，促使煤的氧化反应由于聚热条件的破坏而延缓或终止。

目前煤矿常用的惰性气体主要有 N_2 和 CO_2，从防灭火实际惰化效果来分析，CO_2 更有其优势，主要表现在：

（1）吸附能力强。试验结果表明，煤对 CO_2 的吸附量为 48 L/kg，而煤对 N_2 的吸附量仅为 8 L/kg，前者是后者的 6 倍，煤炭吸附 CO_2 的能力和速度远大于 N_2，CO_2 可以更多、更快地吸附于煤炭，对煤体形成包裹，进而阻止煤氧复合作用，抑制煤炭自燃。

（2）抑爆性强。注入 N_2 火区抑爆临界 O_2 浓度为 12%，注入 CO_2 火区抑爆临界 O_2 浓度为 14.6%，CO_2 抑爆性能明显优于 N_2，两者相差 2 个百分点以上。

（3）惰化效果好。N_2 比空气轻，注入于火区的 N_2 向采空区顶部漂移扩散，而 CO_2 重于空气，可以完全覆盖采空区中、低部的火灾，其惰化效果较好特别适用于放顶煤开采的采空区防灭火。

（4）气体纯度高。CO_2 制取过程中不会产生 O_2。在向火区压注时，可完全避免注入 N_2 过程中可能带入 O_2 而造成的不利影响，快速降低 O_2 浓度。

（5）吸热降温性好。CO_2 的热容低于 N_2，当吸收相同的热量时，CO_2 降低的温度更多，其具有更好的吸热效果。

向采空区注 CO_2 防灭火的方法一般有 2 种：打钻注和埋管注。前一种方法是利用火区附近的巷道向火区打钻，向火区注入 CO_2。后一种方法是将注 CO_2 管路埋设在工作面进风巷道或靠近火区其他巷道，根据火源的位置，CO_2 气释放口可布置在作面下隅角或开切眼下、上部注 CO_2。

CO_2 量：使用液态 CO_2 灭火，按照空间体积计算，必须向采空区加入大约采空区 3 倍以上的 CO_2。为保证安全，当工作面 CH_4 达到 1% 或 CO_2 达到 1.5% 时，必须停止工作，撤出人员，采取措施，进行处理。

当工作面出现发火征兆时，也可使用固态 CO_2 进行防治。固态 CO_2 也称干冰，井下使用干冰防治采空区自然发火方法比较简单：在进风隅角将干冰排成，随着风流流过，干冰融化，风流温度降低，从而降低采空区的温度。

9.4.4 异常情况下的防火强化措施

（1）根据相邻矿区的经验结合矿井的实际情况，回采工作面回风隅角 CO 管理按 24×10^{-6} 管理，日常管理以 50×10^{-6} 为限。自燃预警浓度按 80×10^{-6} 进行管控，当 CO 浓度有升高趋势或大于 80×10^{-6} 时，必须查明原因，采取措施，将 CO 浓度控制不超过 80×10^{-6}。

在日常管理中，当上隅角 CO 达到 50×10^{-6} 时，应每天对上隅角进行抽样分析。当 CO 浓度连续升高大于 5×10^{-6}/d 时，应加快工作面推进速度、实施注氮、注浆、均压等措施。

当井下 CO 浓度超过预警浓度 80×10^{-6} 时，必须立即通知相关领导。相关人员接到井下 CO 浓度预警通知时，必须立即查明原因，按照车辆尾气和煤炭自燃等原因进行分别处理。

（2）当采空区或工作面上隅角出现 C_2H_4 和 C_2H_2 气体时，可判定浮煤处于剧烈氧化阶段时，必须保证 24 h 向采空区注氮。如果检测到 C_2H_2 且浓度突然升高，说明煤已产生 170～180 ℃ 以上的较高温度，进入激烈氧化阶段，可能出现明火，采空区煤炭可能自燃，应尽快采取措施灭火。

（3）当工作面因故停采和推进速度缓慢时，则加强上、下隅角和支架上方自然发火预测预报工作；同时保证每天应向采空区氧化带进行连续注氮。

9.5 31303 回风巷道煤柱高温氧化及治理

31303 工作面对应地表位置在察哈素井田 31 采区南部、副井工业广场南东方向。31303 工作面设计长度 4000 m，开切眼设计长度 300 m，回采煤量 936.951 万 t。31303 工作面所在煤层为 3－1 煤层，该煤层自然倾向性为容易自燃，干煤吸氧量为 0.99 cm^3/g，最短自然发火期为 37 d。根据上述模拟结果，采空区回风侧散热带范围为采空区内小于 200 m 区域，自燃带（氧化带）范围为 191～267 m，窒息带范围为 267 m 以后区域；采空区进风测散热带范围为采空区内小于 112 m 区域，自燃带（氧化带）范围为 1112～223 m，窒息带范围为 223 m 以后区域。

31303 回风巷道发生两次冒顶，冒顶区共计 85 m。由于 31303 回风巷道局部冒顶、底鼓等原因，巷道维护困难，人员作业风险较大，因此察哈素煤矿制定了新掘 31303 辅助回风巷道方案，巷道长度共计 1613.8 m。在 31303 辅助回风巷道掘进过程中煤帮破碎情况明显，巷道两帮片帮严重。高温氧化点均在 31303 辅助回风巷道与 31303 回风巷道（已报废封闭区）间煤柱，其暴露于空气中的时间远远超过 3－1 煤的自然发火期。以此分析，该煤柱均具有高温氧化隐患。

回采期间，31303 辅助回风巷道 650 m 处煤柱上有 3 个点出现冒烟现象。经检测，烟流中一氧化碳浓度 3200×10^{-6}，在对煤壁进行灌水灭火的同时，测试得出从煤壁流出的水温较日常水温高，且高温点限制于 10 m 范围的煤壁段，随后矿井立即对冒烟区域实行了喷浆封闭措施。并在 9 月 14 日开始对煤柱实行钻孔注水、注浆，通过 14 日对 650 m 高温点注水钻孔的检测，孔内一氧化碳浓度为 20000×10^{-6}，二氧化碳浓度为 4.6%，甲烷浓度为 1.06%，乙烷浓度为

0.1%，乙烯浓度为0.02%，丙烯浓度为0.006%，氧气浓度为3.7%，未出现乙炔气体，孔内温度为36.4 ℃。结果处理，高温点范围检测不到一氧化碳和烯烃、烷烃类气体，在667 m处只存在一个高温点，温度24.4 ℃。

后续回采期间，31303辅助回风巷道1186 m处煤柱再次出现冒烟，巷道风流中一氧化碳浓度为13×10^{-6}，经红外线热像仪检测，煤帮温度最高达61 ℃，裂隙中一氧化碳浓度最高达2000×10^{-6}。根据现场情况，立即对冒热气和冒青烟部位采取消防水直接灭火后打孔注水降温。在打孔过程中，冒青烟部位出现明火，现场立即采取消防水直接灭火的措施，明火迅速被扑灭。根据31303辅助回风巷道650 m处煤帮高温氧化治理经验，该处发生煤帮高温氧化现象。

综合对31303辅助回风巷道实行全面的隐患排查，对巷闭温度异常区域进行标记，并划分为重点隐患治理区域，排查中发现隐患区域逐步增加，10日的排查中有14个，至23日增加至30个。在此后的时间内，重点观测隐患区域温度、有害气体变化情况，同时对整个巷道进行不定时温度观测和检查。

9.5.1 辅助回风巷道650 m治理

1）煤帮喷浆

650 m煤柱出现冒烟现象后，对发生高温氧化的煤帮实行了喷浆，喷浆区域延伸至650 m处前后各30 m范围，喷浆长度共计60 m，喷浆厚度为150 mm。喷浆后对于缝隙或锚杆周围残留微孔出现外溢烟气的现象，进行了反复补喷，最终结果以煤帮不外溢烟气为准。经研究决定，31303辅助回风巷道内自停采线至27L口处，均实行喷浆处理。除31303辅助回风巷道650 m初期60 m喷浆区外，其余地点厚度不小于100 mm，共用喷浆料226车。在喷浆过程中，根据实测结果，高温氧化点处巷道壁温度为34 ~ 36 ℃，一氧化碳浓度为$2 ~ 145 \times 10^{-6}$，因巷道内车辆运行，尾气干扰较大，因此单纯从巷道壁温度分析，温度变化幅度较小，无明显下降趋势。

2）注水降温

在采取喷浆处理的方式不能及时有效达到降低巷道壁温度的情况下，采用打孔设备、注浆设备等，准备开展注水工作。在31303辅助回风巷道650 m处开始了打孔作业，打孔形式为自温度最高点向两侧延伸，孔口位置位于离底板2.2 ~ 2.5 m处的巷帮，钻孔间距为2.5 ~ 3 m，孔深为4 ~ 6 m，钻孔区域长约30 m。根据对温度最高点钻孔的检测，孔内一氧化碳浓度为20000×10^{-6}，二氧化碳浓度为4.6%，甲烷浓度为1.06%，乙烷浓度为0.1%，乙烯浓度为0.02%，丙烯浓度为0.006%，氧气浓度为3.7%，未出现乙炔气体，孔内温度为36.4 ℃。钻孔施工完成后，立即进行了注水工作，但留出 2 个孔作气体观测用。在注水过程中，对于巷帮、巷道底脚出现溢水的情况，及时进行了喷浆封闭，以全面存储煤体内积水降温散热。31303 辅助回风巷道 650 m 处底板以上 0.3~1 m 段喷浆体温度较高，达 110 ℃，浆体未湿润，判断已有明火。对喷浆体挖开，果然出现明火，并伴有火焰，现场人员立即用消防水管直接灭火。明火处理完毕后煤体释放的一氧化碳浓度为 1000×10^{-6}，煤温为 35 ℃ 左右，巷道温度为 26 ℃，巷道一氧化碳浓度为 16×10^{-6}。此时测得观测孔内一氧化碳浓度为 6000×10^{-6}，二氧化碳浓度为 1.8%，氧气浓度为 9%，温度为 37 ℃，出水温度与观测孔温度一致。

3）注氮惰化

将 31303 辅助回风巷道内其中一趟排水管路与原注氮管路形成对接，并在 17L 口设置闸阀，对 31303 回风巷道（已封闭区）进行了连续式注氮。通过 31303 回风巷道 27L、31303 辅助回风巷道 21L 措施孔观测，注氮后 31303 回风巷道（已封闭区）内氧气浓度降为 2%~5%。

4）封堵裂缝、固化松散煤体

注浆设备到位，及时将设备运至注浆现场并投入使用。31303 辅助回风巷道打孔形式为自 650 m 处向两侧延伸，钻孔布置方式为并排设置，并与底板夹角为 10°（斜向下），与联巷平行，钻孔间距 1 m，孔深 2 m。钻孔共计 2 排，孔口分别布置于距底板 1 m 位置及距顶板 1 m 位置，上下两排钻孔以三花眼形式布置。打孔及注浆过程中每班均对 650 m 处观测孔实行取样检测，孔内一氧化碳浓度为 $10~30 \times 10^{-6}$，二氧化碳浓度为 0.09%~0.41%，温度为 22.4~26.8 ℃，此时高温氧化点周边巷帮温度降为 23.2~26.3 ℃。共注入水泥 172.55 t，注浆区域为 300~800 m 范围。

5）均压通风

构筑 12 道调压防火密闭及 2 道调压一般永久密闭，对 31301 和 31303 区域进行均压。

经采取喷浆封闭、钻孔注水等措施后，高温点范围检测不到一氧化碳和烯烃、烷烃类气体。在 667 m 处只存在一个高温点，温度 24.4 ℃。

9.5.2 回风巷道 1186 m 处煤帮高温氧化处理措施

1）注水降温

1186 m 处发生煤帮高温氧化现象后，对 1186 m 前后范围进行持续打孔注水工作，注水孔设置 2 排，孔深为 2 m，上下排钻孔以三花眼形式布置，水源为消防用水。受巷道壁喷浆后残存缝隙影响，在对局部地点注水后有水流从巷道壁外渗及外流现象，对残存缝隙进行喷浆封堵。

2）封堵裂缝、固化松散煤体

为尽快置换煤帮深部残存空气，充填煤帮深部缝隙，该区域开始注浆作业。注浆主材料为普通硅酸盐水泥，在注水泥浆的同时，以加入水 1% 的比例加入 MCJ12 型高分子灭火剂。注浆时注水作业始终保持正常，注浆孔为原注水孔，注水孔变注浆孔时衔接紧密，保证无闲置钻孔。

3）煤帮喷浆

对各隐患区域开始大规模喷浆，喷浆厚度要求不小于 100 mm，喷浆后锚杆、网片、钢带、煤体不得外露，喷浆表面应密实。对于喷浆完毕后出现裂缝、脱落的浆面须实行补喷，直至封闭严密无缝隙为止。

在采取以上措施后，各隐患区域的治理取得了明显的效果，消除了自燃隐患，保证了工作面的安全生产。

9.6 本章小结

采空区煤炭自燃是察哈素矿的一种主要灾害，严重影响着察哈素矿的安全生产。本书进行了相关的研究并得出以下结论：

（1）对影响察哈素煤矿 3 号煤层的煤炭自燃的内因主要包括煤化程度、煤岩成分、含硫量、水分、孔隙特性、瓦斯含量等进行了分别的研究，并得到了各种因素的影响权重。研究结果表明评价指标中煤化程度对煤层自燃的影响最大，其次是煤岩成分，其他指标具体排序为：含硫量、含水量、孔隙特性、瓦斯含量。

（2）采用采空区氧气浓度、漏风风速三带划分"1 + 1"综合判定方法，通过现场实测和数值模拟确定了 310303 工作面采空区三带分布。采空区回风侧：散热带为小于 191 m 区域；自燃带（氧化带）范围为 191 ~ 267 m；窒息带为 267 m 以后区域。采空区进风测：散热带为小于 112 m 区域，自燃带（氧化带）为 112 ~ 223 m，窒息带为 223 m 以后区域。

（3）为研究进风量对采空区三带的影响，分别选择进风量为 2000 m^3/min、3000 m^3/min 和 3500 m^3/min 等工况进行了模拟计算。研究表明，随着供风量增大，自燃带向采空区深部移动，自燃带宽度也有所增加。

（4）模拟分析联络巷密闭封闭严格不漏风的三带分布情况。通过对比发现：理想状态下，采空区氧浓度在进风侧比较高，在回风侧相对较低。风量增大以后，自燃带向采空区深处移动，且宽度范围也有增大趋势。而且，观察按照氧气浓度、采空区滤流速度划分的三带范围，已经距离工作面较远，显然采空区漏风为采空区深处发生自燃提供了条件，因此需将采空区封堵漏风（包括及时密闭联巷、并保持密闭严格封闭）作为防治煤炭自燃的重要举措，并严格实施。

（5）对察哈素煤矿31303工作面防火的各种措施进行了分析和评价，提出了工作面推进异常时的防灭火措施，主要包括降风、均压、堵漏等。根据矿井条件，提出了矿井综合防灭火技术。

（6）针对31303回风平巷及新开掘的辅助运输平巷出现的煤帮高温氧化现象，分别对1186 m和650 m处特定区段煤帮进行处理，采用煤帮喷浆、注水降温、注氮惰化、封堵裂缝、固化松散煤体和均压通风的处理措施，使得各隐患区域的治理取得了明显的效果，消除了自燃隐患，保证了工作面的安全生产。

参 考 文 献

［1］赵景礼，吴健．厚煤层错层位巷道布置采全厚采煤法［P］．中国专利：CN1190693.

［2］王宝石．区段煤柱宽度合理留设研究［D］．河北工程大学，2013.

［3］钱鸣高，石平五．矿山压力同意岩层控制［M］．徐州：中国矿业大学出版社，2003.

［4］吴立新，王金庄．煤柱宽度的计算公式及其影响因素分析［J］．矿山测量，1997（1）：12 - 16

［5］徐金海，缪协兴，张晓春．煤柱稳定性的时间相关性分析［J］．中国矿业大学学报，2005，3（04）：433 - 436.

［6］高玮．倾斜煤柱稳定性的弹塑性分析［J］．力学与实践，2001（02）：23 - 26.

［7］张国华，张雪峰，蒲文龙，侯凤才．中厚煤层区段煤柱留设宽度理论确定［J］．西安科技大学学报，2009，29（05）：521 - 526.

［8］刘贵，张华兴，徐乃忠．深部厚煤层条带开采煤柱的稳定性［J］．煤炭学报，2008（10）：1086 - 1091.

［9］张明，姜福兴，李克庆等．巨厚岩层 - 煤柱系统协调变形及其稳定性研究［J］．岩石力学与工程学报，2017，36（02）：326 - 334.

［10］张后全，石浩，李明，等．基于锚杆轴力实测的综采工作面区段煤柱稳定性分析［J］．煤炭学报，2017，42（02）：429 - 435.

［11］Newman D A. Planning and design for barrier Pillared recovery：Three case histories［J］．International conference on ground in mining，1995（1）：1048 - 1053.

［12］J M Galvin，B K hebblewhite. Australian coal Pillar performance［J］．Report University of New South Male，1996（3）：102 - 106.

［13］A H Wilson. Pillar stability in log wall mining state of the art of ground control in long wall Mining and mining subsidence［J］．New York：Soeiety of Mining Engineers，1982：77 - 88.

［14］谢广祥，杨科，常聚才．煤柱宽度对综放面围岩应力分布规律影响［J］．北京科技大学学报，2006（11）：1005 - 1008 + 1013.

［15］谢广祥，杨科，常聚才．煤柱宽度对综放回采巷道围岩破坏场影响分析［J］．辽宁工程技术大学学报，2007（02）：173 - 176.

［16］S. S. Peng. Strength of laboratory - size coal specimens vs. underground pillars［J］．Mining Engineerin，1993（3）：162 - 165.

［17］张宝安，黄明利，梁宏友．窄煤柱护巷机理的数值模拟分析［J］．辽宁工程技术大学学报，2006，22（增）：91 - 92.

［18］奚家米，毛久海，杨更社．回采巷道合理煤柱宽度确定方法研究与应用［J］．采矿与安全工程学报，2008，25（04）：400 - 403.

［19］索永录，吴侨宁，郭洋，等．煤层倾角对区段煤柱应力分布特征影响研究［J］．煤炭技术，2016，35（11）：1 - 3.

［20］赵则龙，张磊．浅埋大采高工作面区段煤柱下合理留设宽度模拟研究［J］．华北科技学院学报，2014，11（11）：46－51.

［21］王琦，樊运平，李刚．厚煤层综放双巷工作面巷间煤柱尺寸研究［J］．岩土力学，2017，38（10）：3009－3016.

［22］谭凯，孙中光，林引，等．双巷布置综采工作面煤柱合理宽度研究［J］．煤炭工程，2017，49（03）：8－10.

［23］柴敬，彭钰博，马伟超，等．煤柱应力应变分布的光纤监测试验研究［J］．地下空间与工程学报，2017，13（01）：213－219.

［24］陈学华，包鑫阳，张振华．特厚煤层综放工作面区段煤柱合理宽度［J］．辽宁工程技术大学学报（自然科学版），2017，36（02）：113－121.

［25］刘增辉，康天合．综放煤巷合理煤柱尺寸的物理模拟研究［J］．矿山压力与顶板管理，2005（01）：24－26＋118.

［26］王国洪．厚煤层高瓦斯矿井煤柱宽度优化设计［J］．煤炭工程，2015，47（12）：3－6.

［27］张开智，韩承强，李大勇，等．大小护巷煤柱巷道采动变形与小煤柱破坏演化规律［J］．山东科技大学学报（自然科学版），2006，25（4）：6－9.

［28］谢广祥，杨科，刘全明．综放面倾向煤柱支承压力分布规律研究［J］．岩石力学与工程学报，2006（03）：545－549.

［29］程秀洋，李洪．运用实测技术确定区段煤柱宽度［J］．煤，2003（03）：8－10.

［30］魏峰远，陈俊杰，邹友峰．影响保护煤柱尺寸留设的因素及其变化规律［J］．煤炭科学技术，2006（10）：85－87.

［31］朱晨光，陈田，姜淑印．金庄矿特厚煤层综放工作面合理区段煤柱留设研究［J］．煤炭技术，2015，34（11）：40－43.

［32］余学义，王琦，赵兵朝，等．大采高双巷布置工作面巷间煤柱合理宽度研究［J］．岩石力学与工程学报，2015，34（S1）：3328－3336.

［33］陈苏社，朱卫兵．活鸡兔井极近距离煤层煤柱下双巷布置研究［J］．采矿与安全工程学报，2016，33（03）：467－474.

［34］孔令海，姜福兴，刘杰，等．特厚煤层综放工作面区段煤柱合理宽度的微地震监测［J］．煤炭学报，2009，34（07）：871－874.

［35］刘金海，姜福兴，王乃国，等．深井特厚煤层综放工作面区段煤柱合理宽度研究［J］．岩石力学与工程学报，2012，31（05）：921－927.

［36］兰奕文．特厚煤层综放工作面区段煤柱合理宽度研究［J］．煤炭科学技术，2014，42（12）：12－15.

［37］赵雁海，宋选民，刘宁波．浅埋煤层群中煤柱稳定性及巷道布置优化研究［J］．煤炭科学技术，2015，43（12）：12－17.

［38］侯朝炯，李学华．综放沿空掘巷围岩大、小结构的稳定性原理［J］．煤炭学报，2001（01）：1－7.

［39］王卫军，冯涛，侯朝炯，等．沿空掘巷实体煤帮应力分布与围岩损伤关系分析［J］．岩石力学与工程学报，2002（11）：1590－1593．

［40］何廷峻．工作面端头悬顶在沿空巷道中破断位置的预测［J］．煤炭学报，2000（01）：30－33．

［41］郑西贵，姚志刚，张农．掘采全过程沿空掘巷小煤柱应力分布研究［J］．采矿与安全工程学报，2012，29（04）：459－465．

［42］孟金锁．综放开采"原位"沿空掘巷探讨［J］．岩石力学与工程学报，1999（02）：87－90．

［43］谢广祥，曹伍富，华心祝，等．综放沿空掘巷矿压显现规律及支护参数优化［J］．煤炭科学技术，2002（12）：10－13．

［44］石平五，许少东，陈治中．综放沿空掘巷矿压显现规律研究［J］．矿山压力与顶板管理，2004（01）：32－33＋31－118．

［45］崔楠，马占国，杨党委．孤岛面沿空掘巷煤柱尺寸优化及能量分析［J］．采矿与安全工程学报，2017，34（05）：914－920．

［46］沈威，窦林名，刘鹏，等．沿空掘巷应力动态变化规律研究［J］．岩土力学，2016，37（S1）：489－494．

［47］祁方坤，周跃进，曹正正，等．综放沿空掘巷护巷窄煤柱留设宽度优化设计研究［J］．采矿与安全工程学报，2016，33（03）：475－480．

［48］杨同敏，贾双春，宇黎亮，等．综放面沿空掘巷无煤柱开采［J］．矿山压力与顶板管理，1998（02）：61－62．

［49］韩承强，张开智，徐小兵，等．区段小煤柱破坏规律及合理尺寸研究［J］．采矿与安全工程学报，2007（03）：370－373．

［50］常聚才，谢广祥，杨科．综放沿空巷道小煤柱合理宽度的确定［J］．矿业研究与开发，2008（02）：14－17．

［51］翟所业，张开智．煤柱中部弹性区的临界宽度［J］．矿山压力与顶板管理，2003（04）：14－16＋118．

［52］柏建彪，王卫军，侯朝炯，等．综放沿空掘巷围岩控制机理及支护技术研究［J］．煤炭学报，2000（05）：478－481．

［53］张农，李学华，高明仕．迎采动工作面沿空掘巷预拉力支护及工程应用［J］．岩石力学与工程学报，2004（12）：2100－2105．

［54］翟所业，吴士良．沿空送巷的理论探讨［J］．矿山压力与顶板管理，2003（02）：45－46＋49－118．

［55］郭保华，张建国，麻新堂，等．锚杆支护沿空掘巷合理位置的确定［J］．能源技术与管理，2007（01）：6－8．

［56］华心祝，刘淑，刘增辉，等．孤岛工作面沿空掘巷矿压特征研究及工程应用［J］．岩石力学与工程学报，2011，30（08）：1646－1651．

[57] 陆士良，郭育光．护巷煤柱宽度与巷道围岩变形的关系［J］．中国矿业大学学报，1991 （04）：4－10．

[58] 冯吉成，马念杰，赵志强，等．深井大采高工作面沿空掘巷窄煤柱宽度研究［J］．采矿 与安全工程学报，2014，31（04）：580－586．

[59] 彭林军，张东峰，郭志飚．特厚煤层小煤柱沿空掘巷数值分析及应用［J］．岩土力学， 2013，34（12）：3609－3616＋3632．

[60] 张东升，王红胜，马立强．预筑人造帮置换窄煤柱的二步骤沿空掘巷新技术［J］．煤炭 学报，2010，35（10）：1589－1593．

[61] 张科学，张永杰，马振乾，等．沿空掘巷窄煤柱宽度确定［J］．采矿与安全工程学报， 2015，32（03）：446－452．

[62] 张科学，姜耀东，张正斌等．大煤柱内沿空掘巷窄煤柱合理宽度的确定［J］．采矿与安 全工程学报，2014，31（02）：255－262＋269．

[63] Malan D. R. Basson E. R. P. Ultra Deep Mining：The Increased Potential for Squeezing Conditions［J］．The Journal of the South African Institute of Mining And Matallurgy，1998．（6）： 353－362．

[64] Johnson. R. A. And Schweitzer，Mining At Ultra－Depth，Evaluation Of Alternatives，Proc. 2nd North Am. Roch Mech. Symp. NARMS96，Montreal，1996：359－366．

[65] J. P. Loui，J. C. Jhanwar and P. R. Sheorey，Assessment of roadway support adequacy in some Indian manganese mines using theoretical in situ stress estimates，International Journal of Roek Mehanics and Mining Seienees Volume 44，Issue，1，January 2007，P148－155．

[66] 王志强，张俊文，赵景礼，李良红，刘平，田灵涛．一种超长推进距离工作面的沿空掘 巷开采方法［P］．中国专利：CN105065001A，2015－11－18．

[67] 张永杰，华展荣．煤矿沿空掘巷围岩稳定时空效应与控制研究［D］．徐州：中国矿业 大学．

[68] 刘增辉，高谦，华心祝．沿空掘巷围岩控制的时效特征［J］．采矿与安全工程学报， 2009，26（04）：465－469．

[69] 崔所业，吴士良．沿空送巷的理论探讨［J］．矿山压力与顶板管理，2003，20（2）： 45－46．

[70] 祁方坤．掘采全过程综放沿空巷道围岩变形机理及控制技术［D］．中国矿业大学， 2016．

图书在版编目（CIP）数据

基于双巷掘进的超长推进距离工作面沿空顺采技术研究／
张玉波等著． －－ 北京：应急管理出版社，2019
ISBN 978 - 7 - 5020 - 7431 - 9

Ⅰ.①基… Ⅱ.①张… Ⅲ.①煤巷掘进—掘进工作面—沿
空掘巷—研究 Ⅳ.①TD263.5

中国版本图书馆 CIP 数据核字（2019）第 067189 号

基于双巷掘进的超长推进距离工作面沿空顺采技术研究

著　　者	张玉波　胡宝岭　张宝优　孟凡刚
责任编辑	徐　武
编　　辑	王　晨
责任校对	孔青青
封面设计	安德馨

出版发行　应急管理出版社（北京市朝阳区芍药居 35 号　100029）
电　　话　010 - 84657898（总编室）　010 - 84657880（读者服务部）
网　　址　www.cciph.com.cn
印　　刷　北京虎彩文化传播有限公司
经　　销　全国新华书店
开　　本　710mm×1000mm^1/$_{16}$　印张　13　字数　234 千字
版　　次　2019 年 5 月第 1 版　2019 年 5 月第 1 次印刷
社内编号　20191839　　　　　　定价　48.00 元